JN000738

声でつながる開運人生

クラブハウスで出会った魔法のことば!

Clubhouse

フリーアナウンサー
人財育成コンサルタント
福満 景子

はじめに

本書は、この本を手にしたあなたが笑顔になれるように、そして、一瞬で幸せな一歩を踏み出せるように、そう願って、ここで出会ったあなたにラブレターを書くようなつもりで書きました。あなたに幸せになって欲しい。それがいちばんの願いです。

過去に経験した辛いことや悲しいこと、腹立たしいこと、到底許せないこと、人にはいろいろありますよね。今までを振り返ると、私もいろいろありました。

でも、今はそんな過去があったからこそ今があると思えて、私も一つひとつの過去に感謝しています。

私のメンター、ブリキのおもちゃ博物館館長の北原照久さんに教えていただいた言葉で「点々連なり線となす、線々並びて面となす、面々重なりて、体となす」ということばがあります。これは形づくるものは、すべてひとつの点が起点となり、その点の重なりによって成り立つものだという教えです。だから、点と点はあるべくしてあった、必要な点であるというふうに解釈しています。その言葉を聞いて、すべて無駄なことはない、と心から思うようになりました。

怪我や病気、スランプ、そういったことさえ、ひょっとしたら何か気づきにつながって、今の自分を逞しくしているように思えます。逞しくなっただけでなく、きっと同じような立場の人に思いを寄せることもできるようになって、やさしさに深みが増したのではないでしょうか。

量子力学の観点でいえば、あなたと私はつながっています。広い意味では私たちは海と空、自然ともつながっています。生き方は、思いひとつで変わっていくものです。だから、暗いどんよりした気持ちで生きるより、毎日がうれしい、楽しい、わくわくすると思いながら生きることをおすすめします。

能天気、と言われるかもしれませんが、いつも笑顔でいると、遺伝子レベルで体が元気になります。笑顔で、明るい人は周囲に与える影響も大きく、ただ、そこにいるだけでお日様のようにみんなの心をあたたかくします。

だから、天真爛漫に生きましょう。私はよく家族に「本当に天真爛漫だね」とか「毎日、鼻歌、歌って楽しそうだね」と言われます。そう言いながら、家族もにこにこです。私は家でも外でも変わりません。いつも幸せなのでつい鼻歌が口をついて出てくるのですが、人並みに辛いことや悲しいことも日々起こります。

それでも、私が決めていることは決して泣き言を言わないということです。わぁ、いつも無理してるんだね、と思いましたか。いえ、実は、泣き言を言わないほうが気持ちが「楽」なのです。私にとって気楽な選択をしています。それは、泣き言をいうと、周囲を心配させたり、悲しい気持ちに巻き込んだり、場を沈ませたり、いいことは起きません。

大切な人たちを悲しませたり、落ち込ませたりしたくないので、基本的には自分で対処し、気持ちを消化し、解決していきます。泣き言を言わなければ、脳はすぐに「どうすればいいか」自然と解決策を探し、導き出してくれるものです。

どんな時も、基本的には明るく笑顔で困難を跳ね返します。何が起こっても、転んで怪我をしても、置き引きにあっても、まずは「ありがとう！！！」と思わず叫びます。周囲の人はポカンとしています。頭を打っておかしくなったのか、と思われているかもしれません。でも、なぜ、「ありがとう」なのか。それは本来、有難し、有るのが難しいことだから。何か信じられないことが起きた時には、まさに理に適っている言葉なのです。

そんなわけで、私の「天真爛漫」は筋金入り。周囲の人も巻き込んで、みんなを幸せにしていきたいと思っています。能天気や単なるポジティブ思考ではなく、理に適った方法で、人も自分も幸せにします。そして、そんな明るい生き方をしていると、それ、いいね！と真似をしてくれる人が出てきます。真似して欲しいと思っているので、うれしい。大歓迎です。

たったひとりの笑顔で周囲の空気が変わっていきます。そんなこと、ムリムリ、ひとりでは何も変えられないよ、と思いますか。そんなの、大海に一滴の水を落とすようなものだと思いますか。

いいえ、あなたを取り囲むコミュニティーの輪が小さければ、効果は大きい。輪が大きくても影響力のある人なら、なおさら効果的です。家庭、会社、コミュニティー、組織、どこにいても、あなたが起点となり、明るい輪を広げていくことができます。だから、私もいつも明るさの「起点」を創り出すようにしています。

人も自分も幸せに開運する方法を実体験に基づいて書きました。特に、声でつながる『音声配信メディアClubhouse（クラブハウス）』で聴いた開運人生を紹介しています。まずはこの本を読んで、新しい扉を開いてください。これは私からあなたへのラブレター、あなたのお役に立てればうれしいです。

執筆を終えた自宅のリビングにて。

2022年11月30日

福満 景子

声でつながる開運人生◆目次

はじめに……3

序章　なぜクラブハウスが爆発的な人気を呼んだか

なぜクラブハウスが爆発的な人気を呼んだか……14

第1章　声と言葉が導く魔法
～北原照久が語るクラブハウスの魅力～

北原照久さんのプロフィール……24
北原照久&福満景子　クラブハウスの魅力を語る……25

第2章　芸能人や著名人も訪れるクラブハウス

クラブハウスの人気チャンネル……56
(1) 毎晩盛り上げてくれる「かたり」の名人　山田雅人さん……65
(2) クラブハウスに響く生歌　シンガーソングライター中村あゆみさん……69
(3) 紅白出場の夢を語る　歌手で俳優のケニー大倉さん……72
(4) クラブハウスの人気者　武田双雲さん、のぶみさん……76
(5) ガーナを救う！　美術家の長坂真護さん……80
(6) 言葉の力を訴える！　作詞家の売野雅勇さん……87
(7) 人を癒やし、救う歌「ジュピター」　作詞家の吉元由美さん……92
(8) 豊かな人生をおくる　作家の本田健さん……98
(9)「テルズバー」のレギュラー元プロ野球選手　若菜嘉晴さん……103
(10) うれしい言葉の種まき　村上信夫さん……107

第3章 クラブハウスで実現したステキな出会い

(1) がんと闘うギタリスト　中村敦さん……120
(2) 夢を叶え、鎌倉に博物館をつくった男　土橋正臣さん……125
(3) 開運納豆をつくった納豆職人　菊池啓司さん……133
(4) クラブハウスはライブハウス!?　3人のシンガー……138
(5) 「テルズバー」の愉快な仲間たち　岩田一直さん、Ｍａｍｉさん……149

第4章 ことばで開運人生

私は一体何者か……158
「ピンチはチャンス」……166
念ずれば花ひらく……170

一通の招待状が届く……173
声でつながる安心感……175
転機が成長のきっかけになる……179
コラム 大丈夫！　あなたは運がいい！……182

第5章 クラブハウスには「声の力」がある

好きなことに出会う場所……186
ひとりで映画館に足を運ぶ……188
クラブハウスは、とっておきの「ひとり時間」……190
朝活で、仕事の前にエンジン全開……194
クラブハウスは最高のおもちゃ……198
コラム……204

終章　開運コミュニケーション

自分の誕生日には、母親に感謝を伝え花束を贈る……209
病気の時こそ、明るく前向きに……211
安心安全な場づくり……213
聞き手はニュートラル……214
開運コミュニケーション……215

あとがき……217

序章

なぜクラブハウスが爆発的な人気を呼んだか

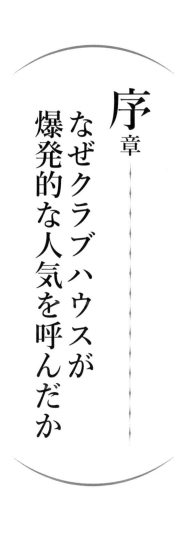

なぜクラブハウスが爆発的な人気を呼んだか

2021年1月末に、アメリカから日本に上陸。一気にブームとなった音声配信メディアClubhouse（以下、クラブハウス）。

最初は招待制でした。招待制なので、そこにいる人はだれかのお墨付きがなければ参加できませんでした。会話できるラジオとでもいいましょうか…まさに新しい感覚のSNSでした。

そこに火をつけたのはコロナ禍という閉ざされた状況でした。コロナ禍でなければ、あれほど爆発的な人気にはならなかったと思います。

家にいながら、知り合いだけではなく、知らない人同士も「声」でつながって、自由に会話したり、興味のある話を傍聴したり、飛び入りで会話に参加したり…。そんなクラブハウスが、緊急事態宣言が出された最中の日本に入ってきました。新型コロナウイルスという、世界的に広まった未曾有の伝染病に恐れをなし、国をあげて不要不急の外出は禁止。人との接触を避け、おうちで過ごそう、という厳しい状況でした。駅や街中、お店の中、どこにいても人の目があり、会話もはばかられる感じでした。

　まさにこの時、人はひとりの時間を持て余し、不安を抱えて、だれかと会話することやコミュニケーションを欲していたのだと考えています。だからこそ、知らないもの同士が話す場に、抵抗感なく溶け込むことができたのでしょう。会話に飢えていた、だれかの声と話したいと考えていた人たちの心を、クラブハウスは一瞬でつかみました。


　当初は、多くの芸能人がスピーカーとして参入し、話題を呼びました。私が見かけて、実際に話を聞いた著名人は、政治家の河野太郎さん、歌舞伎界のプリンス十一代目市川海老蔵さん（当時）、女優の石田ゆり子さん、俳優でタレントの松尾貴史さん。

　さらには、タレントの小島瑠璃子さん、タレントの高橋みなみさん、辛口なトークが冴えわたるメンタリストＤａｉＧｏさん、これまで7万人を占ったゲッターズ飯田さん、などバラエティーに富んでいました。

　なかでも、クラブハウスに魅せられた著名人は北原照久さんです。世界的コレクターでブリキのおもちゃ博物館館長です。

1994年4月に始まったテレビ東京系列の長寿バラエティー番組「開運！なんでも鑑定団」には始まった当初から出演し、2024年に30周年を迎えます。1日も休むことなく皆勤で出演しているのは北原さんだけなんだとか。「いつも、継続は力なりだよ。コツコツ続けることで絶対に夢は叶うから」と言う北原さんの実践力、継続力を尊敬します。

北原さんは本郷高校の後輩、岩田一直さんに勧められるがまま始めると、1日中クラブハウスに入って、多くの人に開運するための秘訣やいいことばを伝え続けました。聞いている人は、いつもテレビで見ている、あの「開運！なんでも鑑定団」の鑑定士、北原照久さんと気軽に会話できることに舞い上がり、毎日が「わあ」「きゃー」とお祭り騒ぎでした。古き良きおもちゃを集めて、大切に保存、展示している北原さんにとっては、まさにクラブハウスは未知との遭遇で、心を一瞬でつかまれた新しいおもちゃだったのではないかと思います。

私たちの心をクラブハウスが捉えた大きな理由は、遠い存在の芸能人が自分の日常を話しながら、「誰か一緒に話しませんか」と呼びかけてくれることでした。歌舞伎界の十一代目市川海老蔵さんは、朝起きてすぐにクラブハウスに入り、普段着の声のまま「おはようございます。目覚めのコーヒーを飲んでいます」「お風呂がたまるのを待つ間、だれか話しましょうよ」と言って女性ファンの心をくすぐりました。近くでかわいい子どもたちの声もＢＧＭとして入ってきて、なんとも親しい関係になれたような気になりました。

女優の石田ゆり子さんは「あれ？　よく分からないけど、クラブハウスを開いちゃったみたい。コーヒーを淹れます。コーヒーってホッとしますよねー」などと言って、自然体の声で語りかけながら、シューシューとお湯を沸かし、コポコポと音をさせてコーヒーをゆっくりと淹れていました。男性ファンのみならず、女性ファンも思わず頬がゆるむ、癒しそのものの特別な時間をくれました。

とにかく距離感が半端なく近いのがクラブハウスの魅力です。ラジオよりずっと近いのです。きっちりとつくられた番組ではないので、まるで、友だちか恋人になった気分が味わえるのです。スマホから聞こえてくるのも不思議な感覚の理由かもしれません。直接、電話で会話しているような、魔法にかけられたような感じでした。

フリーアナウンサーの有働由美子さんは「これからニュースの本番なんですが、皆さん、こんなに集まってくれてありがとうございます。ニュースもしっかりみてくださいね」とニューススタジオに向かう前に、その日の雑感やニュース情報などを話してくれました。ニュース本番前の、そんな現場感がたまらなくて、わくわくしました。

特に、私が開いていた「伝わる話し方ＣＬＵＢ」というルームに突然、ゲッターズ飯田さんが入ってきて、直接、話をして占ってもらえたのはうれしかったです。それまで５００人だったリスナーが、あっという間に２５００人を超えました。ゲッターズさんの本を愛読し、今年こそは会いたいと思っていたので、引き寄せたのかもしれません。

ゲッターズさんはとても気さくに「せっかくなんで占いましょうか」と言って、生年月日でさっと計算すると「福満さんは２０２３年から最高の年になりますよ、ますます開運します」と言われました。まさか、ゲッターズさんのことばどおり2023年に出版するとは驚いています。

作家や著名人と直接、話ができるのは面白く、にわかに興奮しました。しかもプライベート感がたっぷりなので、急に近い存在になって、とてもぜいたくな感じがしました。

スティーブ・ジョブスと仕事をしていた、元アップル米国本社副社長兼日本法人代表取締役で、株式会社リアルディア代表取締役社長の前刀禎明《さきとうよしあき》さん。前刀さんともクラブハウスで知り合い、北原照久さんの佐島邸で出会いました。クラブハウスでも前向きな発言でリーダーシップを発揮してくれました。空を見上げることが好きな前刀さんは常に人と違う視点を提示し、議論に煮詰まっていると「もっと気楽に行こうよ」とほぐしてくれる心強い存在です。

そして、ビジネス書評家で、有限会社エリエス・ブックコンサルティング代表取締役の土井英司《どいえいじ》さん。1400万部を突破した、こんまりこと近藤麻理恵さんの著書『人生がときめく片付けの魔法』のプロデューサーとして知られています。土井さんの出版についての話が秀逸で、毎晩遅く話を聞きに行っていました。

深夜にはじめて土井さんと話をした時は特別な感じがしました。その後、土井さんには大変お世話になり、オンラインで出版を学ぶ機会をいただいたり、毎週夜開いているクラブハウスの部屋に参加したりしました。今も、本の魅力を語らせたら右に出る者がいない知識と話術に長けた土井さんを尊敬しています。

3年以上クラブハウスを続けてきて、多くの人の変化を目の当たりにしてきました。数週間、あるいは数ヶ月ですぐに止めてしまった人も多くいます。単なるブームとして、一時的に参加してみただけで熱中しなかったのは、実生活のなかでクラブハウスを聴ける環境が整っていなかったことも原因かもしれません。家族に反対されたり、日常に追われていたり、落ち着いて話したり、聞いたりできなかった人もいたと思います。そして、今や「そういえば一時期、クラブハウスが流行っていたよね」という会話も聴かれます。

でも、私はクラブハウスに可能性を感じて、楽しく続けている一人です。しかも毎日どこかで聞いたり話したりと、クラブハウス生活がすっかり定着しています。ひょっとしたら、普段から声で発信することに抵抗のない人が今でも続けているのかもしれません。普段、会わない人と会話すると、意外に意気投合し、それがリアルな場につながっています。

なんのためにクラブハウスをしているのか、その理由が明確なら、関わり方も自然と決まってきます。

クラブハウスのおかげで、私自身はご縁に恵まれ、仕事に恵まれ、まさに「開運」まっしぐらだと思っています。私以外にも、毎日クラブハウスで出会う人たちのほとんどが、ネガティブからポジティブに変わり、どんどん開運しています。

第1章

声と言葉が導く魔法

~北原照久が語るクラブハウスの魅力~

今回、本書の出版にあたり、北原照久さんと横浜山手の事務所で対談してきました。

北原照久さんのプロフィールです。

１９４８年東京生まれ。ブリキのおもちゃコレクターの第一人者として世界的に知られています。大学時代にスキー留学したヨーロッパで、ものを大切にする人たちの文化に触れ、古い時計や生活骨董、ポスター等の収集を始めました。その後、知り合いのデザイナーの家で、インテリアとして飾られていたブリキのおもちゃに出会い、興味を持ち収集を始めます。

地方の玩具店などに眠っていたブリキのおもちゃを精力的に収集し、マスコミにも知られるようになりました。そして、イベントがきっかけで、「多くの人にコレクションを見て楽しんでもらいたい」という思いで、１９８６年４月、横浜山手に「ブリキのおもちゃ博物館」を開館。平成15年11月より6年間、フロリダディズニーワールドにて「Tin Toy Stories Made in Japan」のイベントを開催しました。

現在、テレビ東京「開運！なんでも鑑定団」に鑑定士として出演し、２０２３年４月で30年を迎えました。また、ラジオ、ＣＭ、各地での講演会等でも活躍中。

福満　北原さん、こんにちは。クラブハウスでは毎日話していますが、今回は出版にあたり北原さんとのスペシャル対談が叶いました。お時間をつくっていただき、ありがとうございます。

北原　うれしいよ。ふくちゃんとはほぼ毎日９００回以上、しかも皆が眠るような時間帯の夜10：30〜12：00に開催しているよね。ずっと話しているけど、最初はどういうシステムかも、どういうことなのかも全く分からないまま、本郷高校の後輩の岩田くんに「やりましょう」と言われたのがきっかけだったたね。なんでも興味・関心・好奇心があるほうだから「そう、じゃ、やろうか」と始めたよね。

福満　音声配信メディアのクラブハウスが始まった時、きっと日本中の誰もが「いったい、これは何だろう？」と思いながら恐る恐る始めたのだと思います。北原さんの場合は、すぐに「じゃ、ちょっとやってみようか」という感じで、最初の頃は一日中、朝も昼も、夜も、それこそ深夜までクラブハウスに参加されてましたよね。

北原　ほんと面白いんだよ。僕は、「開運！なんでも鑑定団」やラジオとかに出てるから、皆は知ってくれているけど、僕にしてみれば全然知らない人たちが「あの人、何をしゃべってるのかな？」って興味津々。そんな人がふらっと入ってきてくれて、「今日、お昼何食べてる？」みたいなことを僕が言うと、「これから考える」とか答える。「じゃ、何迷ってるの？」と聞くと「かつ丼とハンバーク」、「じゃ、ハンバーグにしてー」とかね。全然知らない人なんだけどね。ある人は「昨日の残りモノがこれとこれとこれ」と言うと「じゃ、それで何かつくった方がいいよ」とか、僕は全く料理ができないんだけど、自分が食べたいモノとかね。全く知らない人と話して、そこには笑いがあったり、また来てくれたり、ちょうどコロナ禍で時間もあったからね。コロナ禍で講演もない、イベントもない時だったし、僕も話が大好きだからね。

福満　これまでテレビやラジオ、イベント、講演など、人と会って仕事をしてきたタレントやアナウンサー、講師など、私たちにとっては、急に仕事がなくなって、時間だけはあるという空白の時間でしたよね。今思うと、それがまさにグッドタイミングでした。クラブハウスは突然やってきた新時代のおもちゃみたいな感覚でしたね。だれでも自由に楽しめる「普段着のラジオ」が始まったという感じですよね。

北原　そうだね。僕にとってはそうだね。でも比較的早く、ほぼ始めてすぐくらいに、ふくちゃんと「部屋をつくりましょう」と言って始めたね。

福満　本郷高校後輩の岩田一直さんが北原さんをクラブハウスに誘って、さらにその勢いで私にも声をかけてくださって「クラブハウスで一緒にルームを開きませんか」と気軽な感じで始まったんですよね。その翌々日くらいには「じゃ、これから『開運☆北原照久のテルズBAR』（以下「テルズバー」）を毎日やっていきましょう」という感じで始まりましたね。

北原　そうそう、「じゃ、BARだからワインなど皆に振舞おう！」とか言って始めたね。

福満　ほんとに、「テルズバー」なので架空のBARをイメージして皆が集って、好きな時に入って、好きな時に出ていくというイメージでしたね。北原さんがメインで話されますが、入ってきた人は誰でもスピーカーに上がれて自分のその時の気持ちや状況を話したり、まったく知らない人と楽しく会話ができるので、あの時は本当にびっくりしました。

北原　BARだから何を言ってもいいしね。別に学校じゃないし、案外、自由に「何か良いことあった？」とかね。

福満　ちょうど2021年2月3日の立春からスタートして、すでに3年以上経っているんですが、実は振返ってみたら、最初の頃はネガティブな人が結構いらっしゃったなーと思い出しました。

北原　いたね。そういえば。

福満　話しながら泣き出したり、怒り出したり。社会に対して怒りをあらわにしたり、という人がいましたが、今は全くいらっしゃらなくなりました。

北原　99％くらい、いないね。

福満　今は、皆ポジティブで朗らかな人ばかりになりましたよね。

北原　そうだね。それは一つには僕はとくかくプラス思考・陽転思考だから、ネガティブに物事を捉えない方がいいと言ってるんだ。船井幸雄先生（僕のメンターの先生）が『北原くん、人生は、会社はプラス発想・勉強好き・素直、この3つだよ』とその3つを教えていただいて、僕が本を出した時、帯に「北原照久氏はプラス発想・勉強好き・素直を実践している」と書いてくださったんだよ。絶対プラス思考だよ。大変なことがない方ってはいないからね。生きていれば辛い事、別れがあるから悲しい事って必ずあるし、そういう時はね、「難がある」と思えばいいんだよ。「難がある、難がある、難がある…」と言ってたら、「ある難」じゃない。

福満　ああ、「有る難」だから「有難い」になるんですね。

北原　「ピンチはチャンスだ」とか「チャンスはピンチの顔をしてやってくる」とかね。言葉って元気をくれるんだよ。悩んでる時に、ちょっとした言葉ですごく救われたりね。僕はラジオの生放送番組の悩み相談とかもやっていたんだ。

福満　もともと、そういうお悩み相談もされていたんですね。まさに今につながっていますね。

北原　そうなんだよ、全くクラブハウスと同じで、その時も「私失恋して辛いんです。苦しいんです」というから「大丈夫だよ、神様は人間に『忘れる』という特典を与えてくれたから。例えば、二日酔いでお酒の臭いを嗅ぐのも見るのもイヤだと思ってたのに夕方になるとまた飲めるでしょ。だからね、忘れるという特典を与えてくださったから、『時薬《ときぐすり》だよ』だから忘れることは必ずできるんだよ。大丈夫、忘れるから」と、人を元気にさせる言葉を使う。僕は自称、言葉コレクターでもあるし。本も沢山だしていて『88の名言』や『100の言葉』や『珠玉の日本語・辞世の句』とかね。

福満　クラブハウスが始まったころは、まさにお悩み相談の状態でしたね。みんな、北原さんにアドバイスを求めていた気がします。それで元気になって、また明日、という大人の学校みたいですね。

北原　そうそう、そういうのもあったし、よく僕がさりげなく言うのが、『陰口はいっちゃダメだよ』って言うんだ。陰口は絶対にダメ。陰ホメは凄く言っていい。陰でその方をホメたりするのは、凄くいいけど、その人がいないところで、その方の悪い所とかネガティブなことを言うのはやめたほうがいい。

福満　陰口はあとで耳に入ると、嫌な気持ちになりますものね。

北原 話に尾ひれがついて大きくなっていくからね。『陰口は言わないほうがいいよね』っていうのも言ってたね。

福満 そうやってネガティブなことを誰かが言った時に叱るのではなく、やさしく「笑声《えごえ》」でアドバイスされるから、皆変わっていくんでしょうね。素直に受け入れていきますね。

北原 僕は怒ったことがないし、「もう、来ないでくれ」とかも言ったことないし、「あ、そう。大変だね。でも大丈夫、時薬ってあるから」みたいにね。あと「正しいという字は、一度止まると書く」一回止まって、考えたほうがいいよ。とか、「辛いという字は、立つに十って書くんだよ」十回立ったら座るよね。でも立つに一本線を足せば、幸せだよね。だから、あと一歩頑張ればいいんだよ。人生長く生きていれば色んな経験をするわけだから、その中で自分で感じることって沢山あるよね。それは生きていれば、ましてや会社を経営していれば大変なことや辛いことなど経験しない方はいないと思う。でも、こうやって、色んなことを乗り越えてきた時に、自分のこの考え方は正しいよね。とか、年長者として皆にそんな難しいことではないアドバイスをしてあげたいな。

福満 北原さんの場合は、上から言うのはではなくて、同じ目線に立って温かい言葉でおっしゃるから皆に響くんですよね。

北原 そうだね。若い人たちもいっぱいいるけど、歳が上だとか歳が下だとかあんまり関係ないね。

福満　そうですよね。私が北原さんから教えていただいた言葉の中で、いくつも素敵な言葉があるんですが、特にこの言葉が凄いなと思ったのが『万象肯定万象感謝』。この言葉との出会いは何だったのですか?

北原　40歳くらいの時に、ちょうど僕が37歳で独立して、おもちゃの博物館を始めたんだ。それで好きなことを仕事にしている、ということで色んな勉強会の所で、「どうしたら、好きなことで仕事になるのか」とか、そういう依頼が結構あったの。船井総研でもやったし、あるセミナーで「自分の好きなことを仕事にしています。人の倍やらないといけないんですよね。でも好きなことだから、あまり苦にならないんです」みたいな自分のことを話して終わった後で、懇親会ってあるじゃない。そうしたら凄く元気な方がいて、声は大きいしお酒もガンガン飲みながら、でもそういう人には周りにいっぱい人が集まっていてね。そうしたら僕を見つけて手招きして「いやー、君の話はいい話だったよ。久しぶりに感動したよ」と言ってくれた。
それで「君にプレゼントしてあげる」と言って何をくれるのかなーと思っていたら、秘書がカバンをもってきて、そこに3枚の写真があって、肉の塊みたいなレバーみたいな写真があって、「何ですか?　これは?」って聞いたら摘出した自分の癌の写真だったんだ。『なんだ、気持ち悪い。医者でもないし、見たくもないし』と思ったんだけど、「いや、実は

福満　私は3回癌の手術をしたんだ」と教えてくれた。その方は80代で、60代、70代、80代と3回手術をして、最初の癌の手術の時は、癌と告知された時は腰が抜けたくらい「あー、これで死ぬんだなー」と思ったけど、その時に友人が『万象肯定万象感謝』って、これは健康になる魔法の言葉だと、とにかく『起こったこと全てを否定しない、起こったこと全てに感謝しろ』と。でも最初は凄く腹が立ったと、『癌になってどうして感謝できるんだ』と、自分がなってないから、そんなことが言えるんだ。でもやることないし、万象肯定万象感謝、万象肯定万象感謝…、呪文のように言ってた。

北原　言葉にして、何度も「万象肯定万象感謝」を言われていたんですね。

福満　そうそう、言葉にして言ってたら、下っ腹に力が入って、それまではトイレに立つこともトイレに行くこともできなかったのが、行けるようになったんだって。

北原　癌になってからですか?

福満　そう、癌だと言われて手術するまでの間ずっと。

北原　もう力が抜けてしまって何も手につかない状態ですよね。

福満　溜息しかでなかったけど、それで元気が出て、手術も成功して、そして会社に戻ったら万象肯定万象感謝、全てに感謝するという姿勢になり、働いている人にも、建物にも、お客様にももちろん、全てに感謝型になったわけ。それまでは地球は自分を中心に動いていると思っていた人だったから。そうしたら売上も急激に上がって、社員からは「癌の悪い所と性格の悪い所と全部摘出してもらった」って、笑い話みたいだね。それで70代の時にまた癌になって宣告された時に、前の手術で会社がこれだけ大きくなったから、またこれで大きくなる、と完全なプラス思考になった。さらに80代でガンになった時は、もう喜んで行ったんだって。実際に経験した人から僕は聞いたから『これは凄いね』って思ったんだ。

福満　その人とは3度の癌を乗り越えた後に元気になられて出会ったんですね。『万象肯定万象感謝』は、そういう裏付けがあった言葉だったんですね。

北原　裏付けがない言葉だと良い言葉なんていくらでも言えるわけじゃない。だから、そういう方に出会えたことも幸せなことだし、実際に甲状腺癌の腫瘍が、言葉だけで消えたっていう話やレントゲンを実際に見せてくれて本当に消えたっていう…ただ毎日『万象肯定万象感謝』を言い続けたんです。とかね。自分もそうだけど、「開運！なんでも鑑定団」は、もうすぐ30年だけど皆勤賞だよ。皆勤賞って、小学校6年間でも大変じゃない。途中で病気を全くしなかった訳じゃないけど、休まないで乗り越えてきた訳だからね。その時に言っているのは『万象肯定万象感謝』

福満　北原さん自身もそれを実践してきた訳なんですね。

北原　自分が実践してきた言葉を言ってるから、皆に響いてくれるんじゃないかな。

福満　私もこの言葉に出会って、研修や講演会の度に「皆さんに最後、北原さんの言葉をプレゼントします」と言ってお伝えしているんです。すると「気に入ってずっと、言い続けてます」という方もいらっしゃいます。

北原　そうだね。別に言うからってお金がかかるわけでもないし、でも言葉ってすごく力があると思っているんだ。聖書だって最初に言葉ありきだから。言葉として残せるのは人間だけだからね。神様が人間だけに与えてくれた言葉だとか、音楽だとか、笑いだとか、それは絶対大切にした方がいいよね。

福満　その言葉という意味でいうと、『未来は自分の話した言葉で創られる』とよく北原さんおっしゃるじゃないですか。

北原　もうそれは本当にその通りであって、自分のやりたいこと夢だとかを口からだして言わなければ、自分が何をやりたいのか、周りの人は知らないわけだから。だからって、言ったからって皆が力を貸してくれる訳じゃないけど、例えば100人に言ったら一人力を貸してくれるかも知れないし、1000回言ったら一人力を貸してくれるかも知れない。たまたま出会ったタイミングで一人に言って、すぐにじゃあ、ってなる人もいるかも知れないけどね。僕はとにかく『叶うっていう字は、口へんに十って書くんだよ』だから口から十回出して言わないと叶わない、願いが叶わない。『十に一本線をたして千と書きたい』とかね。自分が夢をこうやって叶えてきたということなんだ。加山雄三さんに会いたい、吉永小百合さんに会いたい、それから車、アメリカングラフティという映画を見て女性が乗っていたサンダーバードという車が欲しいとか、佐島の家で戦前のボートハウスが唯一ある家が欲しいとかね。でも皆がそんなの無理だって言われてるようなことをことごとく実現していったんだよね。吉永小百合さんに会えたのは64歳の時だったから43年かかった。

福満　それは、想い続けて言い続けてきたからこそ実現したんですね。

北原　そうだよ。だって、本でも書いて、新聞でも書いてテレビでも言って、講演会でも言ってたら、たまたま講演に来た人の知り合いが吉永小百合さんのスタイリストだと言われたから、小百合さんに会いたいと書いた文章の所に付箋をはって「その方にお渡し願えないですか」って渡したら2、3ヶ月経ってから「会いましょ」ということになり、忘れもしない2008年の2月4日、この日だったら会えますよって言われて、それでお会いできたのが僕がちょうど60歳の時だからね。だから、本当に実現できるんだって。それは色々と具体的に実現してるからね。口から出して言わなきゃ、未来は自分の話した言葉で作られる。だから逆にネガティブな言葉は言わない方がいい。ネガティブなことを言ったらダメということではなくて言い直しをすればいい。例えば「疲れた」と言って「疲れた、疲れた…」と口から出して言い続けると本当に疲れてくるから、「疲れた、と思ったけど疲れてない」とかね、「最近ちょっと病気がちなんだよね、いや元気だから絶対直る」とかね。「最近、仕事上手くいかないいんだよね。いや、そういう時もあるんだけど、絶対上手くいくんだよ」とかね。

福満 ネガティブなことを最後は必ずポジティブな言葉に変えていくんですね。

北原 一番大事なのは、自分が今ネガティブなことを言ってるか言ってないかに気がつくことなんだよ。

福満 まさに、ネガポジ変換ですね。

北原 そうそう、ネガティブなことばっかり言ってる人は気がつかないわけ。いつも愚痴ってる人、いつもぼやいている人っているじゃない。あれはもう気がついてないわけ。傍から見たら、何でそんなぼやいてるのかなーって思うんだけど、それが当たり前になってるから、そういうことにまずは気がつかなきゃいけない。気づくことが大事。色んな経営者もいるし、会社員の方もいるし、主婦もいるし、学生の人もいるよね。名前もね、「一般社団法人さん」とかいたね。おかしかったよね。

福満 ほんとに、笑いました。最初は呼びかける時、皆さんの名前を呼ぶのですが、今もテルズバー常連の永澤恭子さんの場合は名前の表記が「一般社団法人」だったので毎回、「一般社団法人さん」って呼びかけていましたよね。

北原　そうだよ、想像して。例えば銀行で「一般社団法人さん」って言われたらおかしいよね、病院で「一般社団法人さん」みたいなね。

福満　私はあの当時、司会の現場で「一般社団法人」と読み上げる時があったのですが、ほんとに笑いだしそうになって大変でした。

北原　ほんとだよね。色んな方との交流があったね。ほとんど初めての方が多いからね。今考えれば色んな方が来てくれたね。書道家の武田双雲さんとかベストセラー作家の本田健さんとか…幻冬舎の見城徹さんも来てくれたし、現代美術の村上隆さんとか、歌手の中村あゆみさんとか、ピアニストの熊本マリさんとかね。

福満　多彩な顔触れがあっという間に揃うのがクラブハウスですよね。

北原　中村あゆみさんがあそこで歌ってくれるんだよ。

福満　『翼の折れたエンジェル』の生歌にはびっくりしました。

北原　普通あり得ないじゃない。

福満　感動した瞬間です。ところで、私がずっと信条にしているのが、「三かん王」なんです。「三かん王」はすぐに実践できて、誰にでも話してすぐにピンッとくる言葉ですよね。

北原　「三かん王」っていうのは、みんな「かん」っていう字がつくから。関心・感動・感謝。関心だけちょっと字が違うんだけどね。まずは色んなことに関心を持つということ。

福満　アンテナを張って色んなものに興味を持つ。

北原　マザーテレサが「愛の反対は憎しみではなく、無関心」と言ったよね。無関心が一番ダメなんだって。色んなことに興味を持って関心を持つ。そして感動。感動っていうのは、「美味しいねー」とか「楽しいねー」とか、それを表現した方が、間違いなく人に愛されるし、またそういうことが起こるんだよね。美味しいんだかまずいんだかつまんないんだか分からない無反応、無表情が人生で一番つまらない。何食べても美味しいんだかまずいんだか分からないのは、一緒にいてもつまらないじゃない。「わーきれいー」って言ってくれた方がいいよね。

福満　表情に出して、言葉に出して表現するってことですね。言霊ですね。

北原　何にも言わないでいると一緒に食べててもつまらないもんね。だから絶対、感動型がいいよ。そして感謝だよね。「ありがとう」っていう言葉だね。僕は何か言う時も最後「ありがとう」という習慣がついてる。どんな時でも、「ありがとう」という。感謝をできる人は間違いなく運がいいんじゃないかな。そういうことをさりげなくね。お説教ぽく言うのじゃなくてね。

福満　北原さんはホメ上手でいらっしゃいますよね。

北原　ホメ上手は大事です。

福満　本気でみんなのことをホメてくださいますもんね。

北原　良いところをホメるってすごく大事で、鏡の法則っていうのがあって、相手の良いところを見て言うと、相手もこちらの良い所を見てくれるんだよ。ホメて伸ばす。『ツキの10箇条』の中にホメるっていうのがあって、言葉で一番素晴らしいのが山本五十六で「やってみせ、言って聞かせて、させてみて、誉めてやらねば、人は動かじ」。誉めなきゃ人は動かない。あとは、二宮尊徳の「可愛くば、五つ数へて三つほめ、二つ叱って良き人となせ」。叱ることより誉めることが多くないとダメだよ。

福満　北原さんと話していると、名言や格言がすらすらっと出てくることにも驚きます。やっぱり褒めるって大切ですね。

北原　すっごく大事。相手の良い所にフォーカスを当てると更に伸びていくし、もちろん叱らなきゃいけない時もあるし、でも叱るのであったら、「あとよし言葉」といってね、良いことを後につけてあげる。「仕事は遅いけど、正確だね」とかね。ダメなのは「正確だけど遅い」はダメなんだよ。

福満　ああ、確かに最後の言葉が印象に残りますもんね。

北原　どんな時でも、最初に「時間はかかるけど正確だよ。もうちょっと早くできるといいよね」って言い方ってあるじゃない。人間ってお互い様って言葉もあるように、評価してもらうと、こっちも相手のことを評価するしね。

福満 実は、私はクラブハウス、このテルズバーを始めて、北原さんと岩田さんと毎日話すようになって、「福満さんは元気だね」ってすごく言われるようになったんですよ。実際に出会うと、初めて会う人にもいつも「輝いてる」とか「明るいオーラだね」と言われるようになりました。クラブハウスのおかげかなと思っています。

北原 ふくちゃんは、元気だよ。だって、夜、普通は寝る時間よ。ふくちゃんに「よく起きてられるね」って言ったよね、そしたら「はい、私いつもお風呂入りながら映画を観ていたので大丈夫です」とかって言って、でも今ではその時間にクラブハウスでずっと話すようになって「いやー、すごいよね」って思うけど、楽しそうにしてるから、いやいや続けている訳じゃないからね。

福満 そうなんです。もう楽しくてクラブハウスを毎日やっていますが、映画は1日1本観ることによって新しい人生を自分も体験できます。ワクワクして、ヒロインと一緒に恋して、一緒に悲しんで、一緒に喜んで、一つの人生を体験するような感じがしてたんです。今思うと、クラブハウスもまさに同じで、クラブハウスで皆さんと会話をすることによって、実は話し方を人に教える立場でありながら、皆の話を聞いていてすごく分析ができて学びになったんですよね。いつも明るい人が、今日は声のトーンが低いなーと思ったら、後にメッセージで「お元気ですか？　風邪ひきました？」と聞くと「いや、風邪をひいたわけではないんだけど、すごく辛いことがあって」とかおっしゃるので、声にその人の感情が出るっていうのが実感としてありますよね。

北原　その方が元気がなさそうな時、僕はあえて「元気そうだねー」って言う。

福満　そうなんですよね。そのことを北原さんから学んだんです。しばらくは、「元気ないけど大丈夫かなー」とう言葉をかけてたんですが、絶対にそれはやめました。プラスの言葉をかけるようにして「今日も頑張ったねー」とか「今日も元気だねー」と。すると元気がない人も「実は落ち込んでたけど、そう言われたら元気になってきた」と言ってくれるようになりました。

北原　それって、すごく大事で、言葉の本にも書いたんだけど、よく「お疲れじゃないですか？」って口癖のような方がいるんだよね。でも僕はそれを言われるのが凄く嫌で、自分が嫌だから人にも絶対に言わないんだ。「元気そうだね」とかね。もし相手が「いや、実はねー」って言いだしたら「いや、全然元気そうだよ！」って言ってあげれば元気になるんだよ。

福満　魔法の言葉ですね。

北原　そうなんだよ。例えば「病気で○○なんだ」って言ったら「いやー、でも元気そうだよ」とかね。「その時計いいねー」とかね。どこか1つ誉めて「じゃあね」と言って早々に退散する。

福満 誉めて元気にして、さっと立ち去るんですね。

北原 そうだね。自分の中で〝配り〟があればね。気配り・心配り・目配り・手配り。絶対いいと思うよ。相手が「実は、今〇〇なんだよ」とか「今、入院して〇〇で退院してきたんだ」と言ってきても「いや、すっごい元気そー」って言った方が絶対いい。

福満 そう言われた方が嬉しいですねー。

北原 そう。相手も嬉しそうだよ。だから、「そっか、病気だから、なんか痩せたね」とか、そんな事は絶対言っちゃダメなんだよね。

福満 そうですね。そう言われちゃうと「あー、やっぱりダメなんだ」っていう気持ちになりますね。

北原 言葉は絶対力があるから、良い所を見る習慣をつければいい。

福満 私は友人や母に会う度に北原さんの話ばかりするので、「ほんとに、北原さんはいい人ねー」と皆に行き渡っています。

北原 わー、ありがとう。ありがたいね。

福満 特に私も自分が実践して友だちにも大切な人にも言い続けていることは、『自分の誕生日には母親に花束を贈ろう』という教えです。聞いてよかったなーと思っています。

北原　ふくちゃんは、鹿児島にいるお母さんに近所のお花屋さんに頼んで贈ったら、お花屋さんも凄く感心してくれたってね。お母さんも凄く喜んでくれたってね。「本当にちゃんとやったんだ」って凄く嬉しかったよ。僕もそれをやっていたからね。自分の誕生日は、お母さまがもし元気だったら、お母さまに好きなモノをプレゼントする。「生んでくれてありがとう」という言葉を添えてね。もしいらっしゃらなかったら、お墓参りをする、お墓がなかったら、空にむかって「今日〇〇歳になりました、生んでくれてありがとうございました」ってね。それを言うだけでも運が良くなるよ。これ、やっている人、本当に多いんだよね。クラブハウスの皆とかね。

福満　多いですねー。テルズバーのメンバーみんなやっていますね。やっているからこそ、みんな開運に向かっていますよね。

北原　だからね、ネガティブの人がだんだんいなくなったり、ポジティブになったり、間違いなく運がよくなっているよね。

福満　ほんと、そうですね。

北原　実際に「やりましたー」とか報告くれたりね。「喜んでくれましたー」とかね。絵本作家のぶみくんは、「北原さんに言われて松茸をプレゼントしました！　一万円もしたんですけどねー」「安いもんだよー」って言ったりね。

福満　わー、それは嬉しいですね。

北原　「一万円の松茸を母に送ったら、母からも同じ一万円の松茸が送られてきた」って言ってね、「それは嬉しいね」なんて言ってたんだ。そこには笑いがあったり、実際に声で話せるから分かるんだよね。その人がワクワクして話してるのか、元気ないのかとか分かるんだよね。もし元気なかったら、ちょっとハイテンションで話してあげるとか。

福満　そーですね。何か元気になるような言葉をかければいいですもんね。

北原　そうそう、例えば「これ、聞いたー？」とか「これ、見たー？」とかね。オリンピックもあったしね。

福満　感動の場面が沢山ありましたねー。

北原　クラブハウスのさなかに、地震もあったね。

福満　ありましたね。「地震です、皆さん、大丈夫ですかー」って呼びかけていましたね。「身の回りの安全を確かめてください」って言いながらやりましたね。

北原　そういうことって、あれはクラブハウスで、リアルに同じ時間を共有してるんだよね。

福満　最近、だんだんクラブハウスから遠ざかっている人も増えているんですけど、このクラブハウスは、年齢問わず学生でも、学生は年齢の高い先輩たちに人生の色んなことを聞く機会になりますし、あと歳を重ねた方々も一人暮らしだったりして、夜眠る前に誰かとつながることで心がまた通って元気になっていい夢が見られるので、このクラブハウスは無くして欲しくないんですよね。みんなにぜひ入ってきて欲しいなーと思っています。

北原　そうだね。色んな音楽だとか耳で聞こえるモノってあるじゃない、あと自分が楽しい、例えば映画を見て感動したとか、それをシェアするとかね。シェアすることによって、より自分にも刻まれるから僕にとってね、本当に勉強になるんだよね、実は。自分でペラペラと話してると一番勉強になっているのは自分なんだよ。

福満　ほんとですよね。こうして言葉に出して話すからこそ忘れないですし記憶に新しいですし、多くの人にまたそれを伝えて影響を与えることができますよね。言葉の力で。

北原　そうなんだよ。

福満　ほんと私もご一緒させていただいて、きっと岩田さんも三人共に学びは深いです。今後、声で伝えるクラブハウスとかコミュニケーションについては北原さんは、どうなって欲しいと思いますか？

北原　僕はね、最初みたいにね、ダーッと凄い勢いで皆が始めて、だんだん淘汰されていって、それをいいという人も、時間が無駄だっていう方も全部その人たちの自由だからいいんだけど、クラブハウスの中で出会いがあるんじゃないかなって思っている。

福満　ありますよね。

北原　僕らは、こうやって実際、最初は声だけだから顔も知らないわけだよね。でもなにかで会おうって言って会った時に、声で毎日話してるわけだから、会った瞬間にやっと会えたってなるよね。

福満　友だちに会えた！　っていう感じがしますよね。

北原　人生ってやっぱり出会いだから、いい出会いをする。毎日話してるから分かるじゃない。こういう人なんだなってことも、こういうことやってるんだとか、それで1、2ヶ月後に会ったら、すぐに仲良くなれるよね。

福満　ほんとです。時空を飛び越えますね。距離を超えますよね。

北原　ほんとに。

福満　クラブハウスの場合は、日本にいながらアメリカの方、イギリスの方、ハワイの方、中国の方、ミャンマーの方とつながって、話をして「今どんな状況ですか？」ってダイレクトに聞けることにはビックリしました。

北原　あれは、ビックリしたね。イギリスと日本の時差は9時間あります。今こちらは昼の2時です、とかね。ロンドンのとみちゃんとか、みほさんとか、そうやって、離れているけど、そこにいるように話しているじゃない。日本に来た時も会えたんだよね。

福満　会えたんですよね。おふたりが帰国して初めて会った時感動しました。

北原　感動したよね。ロンドンのとみちゃんだよねーって言ってね。

福満　みほさんも、とみちゃんも声がそのままだから、すぐに分かりましたね。

北原　会うことはお互いにいいよね。例えば鎌倉の英国アンテーク博物館の土橋くん。

福満　今、話題沸騰の英国アンティーク博物館「ＢＡＭ鎌倉」の館長になりましたね。

北原　彼にも会いに行ったら大歓迎してくれたね。

福満　クラブハウスで毎日話している方だったので、気心はすでに知れていて、会った瞬間、意気投合しますよね。

最初は聞いていて、だんだん慣れてきたら、ちょっと話してみようかなということで、自己紹介だけでもいいですし、そしたらそこで、人の輪が広がっていって、また世界が広がっていくような気がしますね。

北原　クラブハウスだから、別に服を着替えて、どこかに会いに行く訳でもないしね。

福満　それは女性にとっては、とても嬉しいです。パジャマでスッピンでいいですからね。

北原　そうだよ。声だけだからね。どこかに会いにいくとかではなくて、まずはクラブハウスで色んな会話をすることでコミュニケーションが取れるようになったり、楽しいと思うよ。

福満　聞くだけなら、お風呂の中でも聞けますし、最初の頃は、お風呂から話している人もいらっしゃいましたね。

北原　反響するから分かるんだよね。

福満　お風呂ですかー？　って分かるんですけどね。入浴中ですかー、って言ったら、

北原　「ニューヨークからです」みたいなね（笑）。そういう意味では、人間って出会いって大事なんだよ。モノとの出会い・人との出会い・場所との出会い・本との出会い・音楽との出会い、それがクラブハウスにはあるね。

福満　私もクラブハウスに出会えて、皆さんに出会えたことが凄く大きな収穫だったので、その気付きを本にしっかりと書いて皆さんに読んでいただきたいと思っています。

北原　ビックリしたのはね、ラジオ日本の「きのうの続きのつづき」あれ19年目なんだ。

福満　うわー。凄い。文字どおり長寿番組ですね。

北原　もともと永六輔さんとか大橋巨泉さんとかがやっていた「昨日のつづき」というラジオ関東時代の人気番組で、それの「つづき」として僕が受け継いでやったんだけど、もう長くなって19年なんだ。

福満　北原さんが19年も、ずーっと担当されているんですね。凄い。

北原　そうそう、それで、火水木金の夜10時から15分間ね。

福満　毎週ですからね。1週間に4回。

北原　1人のゲストで1週間分で。それで、ふくちゃんにもゲストで来てもらったら…。

福満　実は…。

北原　同じフロアのラジオ日本の同じフロアで違う番組の時、僕は朝の生放送で出てた時、ふくちゃんもそこに出てて、「実はここで会ってるんですよ」って、「うわー、ほんとだー」ってね。だからもしクラブハウスをやってなかったら、会うチャンスがなかったかもね。よっぽどのことがない限りね。

福満　ほんとうに、なかったかも知れないです。

北原　だからやっぱり、ほんとに凄いなーって。でもふくちゃん、それをずっと言わなかったから、奥ゆかしいなって思ってね。

福満　この仕事をしていると、１回限りの仕事で、総理大臣や大物政治家、芸能人にも結構いろんな人に会いますよね。

北原　そりゃ、アナウンサーだし、あるよね。司会やったりもしているもんね。

福満　はい、大御所の女優さんにも会っていますし、映画の撮影で憧れの俳優さんとご一緒したこともありました。でも、それはたまたま仕事の現場で会った、だけ。しっかり会話を交わして、「福満さん」と認識してもらえたかというとそうではないんですよね。だから、あえて言いませんん。

ただ北原さんのことはとてもよく覚えています。毎週、毎週、ラジオ日本の横浜の本社に行くと、毎回、同じ時間帯で、同じスタジオですれ違っていました。当時、私はショッピングキャスターもやっていたのですが、北原さんは私を見ると、「あ、今日は何、梅干しなの、美味しそうだね」とか「あ、お茶もいいねー」とか毎回、お話してくださっていて、「いつも明るいね、元気そうだねー」と声をかけてくれていました。

北原　あの時と全然変わらないでしょ。昔から。

福満　昔から変わらない、気さくな態度で接してくださっていました。

北原　昔から「変わらないね」って言われるよ。普段話してることもラジオで言ってることも、クラブハウスでも全然変わらないよね。

福満　裏表が全くなくて、本当に『おもてなしの方だなー』と思います。

北原　楽しそうにやってるから、だから元気だし、本当に運がいいなーとか、いい出会いが沢山あるよね。「運がよくなった」って言ってくれる方が沢山いるんだよ。僕は、兄貴だとか兄さんだとか大兄だと言われてるよね。

福満　それぞれの分野でご活躍の方々から、「北原さん、北原さん」って慕われていますよね。

北原　年は上だからね。でも逆に僕がそういう方に沢山出会うことによって自分の人生の中でね、セットアップしてるなーと思います。

福満　最後にお伺いしたいのは、北原さんはどうしてそんなに優しいのですか？

北原　優しい？　どうだろうなー。やっぱり言葉でね、「男はタフでなければ生きていけない。優しくなければ生きる資格がない」というフィリップ・マローのセリフがある。優しいっていうのはね、凄く大事だし、自分が優しくしてもらいたかったら、人にも優しくしなきゃいけないっていうことだよ。鏡の法則だから。でも、僕は優しいね。間違いなく。自分で思う。よく「いきものがかり」って言ってるんだけど、鳥だとか猫だとか生き物がなつくよね。ハチだとか。「友だちだよー」って言うと、ハチが寄ってきても刺されたことは一度もない。

福満　へぇー。横浜の散歩中のハトの話に凄く笑いました。ハトがトコトコ後ろからついてくるというお話。

北原　そうそう、朝、ウォーキングで歩いていたらハトが僕の後ろにきて、飛ぶんじゃなくて歩いてくるんだよ。トコトコトコトコ。それで向こうから犬を連れた女性が歩いてきて、別に僕はハトにヒモをつけている訳じゃないのに、ついてきているから、ビックリされていたね。

福満　（笑）飼ってらっしゃるんですかという状態だったんですね。

北原　「なんでハトがあとをついているんですか」って「いやー、なついているんですけどねー」ってね。小学校・中学校の時にハトを飼っていたから、ハト好きだしね。きっと負のエネルギーを出してないんだね、きっと。「ハト好きだよ」「ネコ好きだよ」「イヌ好きだよ」みたいにね。

福満 それって老若男女関係なくではなく、生きとし生きるモノ関係なくという。

北原 いきものがかりだからね。

福満 生き物全てですねー。

北原 カラスのクロちゃんとか、ハトのなるみちゃんとかね、すずめのチュンちゃんとか、ムクドリのムクちゃんとか、ちゃんと名前つけているからね。セキセイインコのピーちゃんとかね。「あっ、なるみちゃん来た」とかね。みんなビックリするよね。白いハトでね、なるみちゃんっていうんだ。だから優しい理由って言われると、モノ好きだし、人好きだし、動物好きだからじゃないかな。

福満 私、実は経営者の人に、本当に長く色々インタビューさせていただいているんですけど、やっぱり一流と言われる人は、本当に優しい人が多くて懐が深い方が多い。それは何でなんだろうなー、って思うんですよ。

北原 感謝があるからじゃない。

福満 感謝。そして、もう一つは数々の苦労をしていらっしゃるからかなと思っていますが、いかがでしょうか。

北原　それはあるよ。苦労した人の方が、ありがたさが分かるよね。人の優しさだとかね。加山雄三さんが「苦しいことは、幸せを幸せに思う心を与えてくれる」と言ってたよ。いろんな苦しいことを経験してないと、それが本当に幸せなのか、どうなのか分からない。「幸せは幸せに思う心を与えてくれる」。

上原謙さんの息子で、音楽ができて、スポーツ万能で、でもパシフィックホテルの倒産で何億という借金を抱えて、本当に何もなくなって…。

でもその一番何もない時に松本めぐみさんと結婚して、生卵をごはんに半分ずつ分けて、その時にめぐみさんが自分の今まで貯めたお金で中古のピアノを買ってくれた。それで出来た曲「海、その愛」をラストコンサートの1曲にそれをやったんだよね。

福満　それほど苦しい時代があったんですね。

北原　加山さんは「人間にとって一番尊いことは倒れないことではない、倒れた時に立ち上がること」と、老子の言葉なんだけど、実践なさって、だから加山さんはただ、かっこいい、音楽ができて、スポーツができてかっこいい、だけじゃなくて、倒れても立ち上がってくれるから憧れるんだね。

福満　生き方そのものがかっこいいんですね。

北原　加山さんは苦しいことを沢山知っているから人のありがたさとか、女房のありがたさとか、卵を半分ずつ食べあって、でも美味しいねって食べられた。それは自分にとって本当に幸せなことなんだよね。泣けるでしょ。

福満 それを、成功した今、幸せになってからもずっと思い続けているというのが、素晴らしいですね。

北原 「おかげさまで」って言うのは一人でできるのではなくて、誰かがいてくれて、そして自分が輝いていく訳だから。ダイヤだって磨かれる。いい人に出会えたとか、人生で経験することによって、より感謝だとか、ありがとうとか、言葉が自然に出てくるよね。

福満 貴重なお話今日はありがとうございました。これからもっとたくさんの方にクラブハウスに参加していただいて、これが「開運スイッチ」になっていけば嬉しいですね。

第2章

芸能人や著名人も訪れるクラブハウス

クラブハウスの人気チャンネル

クラブハウスは、だれでも参加できるので、芸能人や著名人がふいに訪れることもあります。２０２１年1月29日にクラブハウスのアプリをインストールして登録するや否や、すぐどっぷりハマった私は、これまで多くの奇跡的な瞬間に立ち合ってきました。

今も毎日続けている「開運☆北原照久のTeru's Bar」（以下「テルズバー」）はもちろんのこと、自分自身でもいくつかのチャンネルを持ち、定期的に発信していました。代表的なものが「伝わる話し方ＣＬＵＢ」と「肯定ファーストＣＬＵＢ」です。それぞれ登録メンバーは現時点で「テルズバー」が２６６０人、「伝わる話し方ＣＬＵＢ」が８５０人で、「肯定ファーストＣＬＵＢ」は１３０人です。どんな内容を配信しているか振り返ります。

ちなみに、クラブハウスはラジオ局、「テルズバー」や「伝わる話し方ＣＬＵＢ」が番組名だと思ってください。クラブハウスには多くの番組があるので気に入ったルームにだれでも自由に入れます。

「開運☆北原照久のTeru's Bar」

クラブハウスにも時間帯によって表情が様変わりします。朝はビジネス系が多く、夜は娯楽性のあるルーム（番組）やリラックスできるルームが多くなります。私が北原照久さん、岩田一直さんと一緒に創設、運営している「開運☆北原照久のTeru's Bar」（以下、「テルズバー」）は、おやすみ前に仕事や勉強を終えた人たちに向けてホッとできる場です。

北原照久さんが学びにつながるような言葉や人物を紹介したり、その日にあった出来事を紹介したりして、肩の凝らない、楽しい部屋を目指しています。１日の疲れを「テルズバー」でとってもらえたらいいなーという気持ちで、私はモデレーターを務めています。

時間がきたら、１分前にスタンバイして、雑談で始まります。はじめてこの番組を見つけて、聞いている人は「本物の北原照久さんですか」と驚いて、確認メッセージが来ることもあります。驚くのも無理はないと思うのですが、ラジオでどんなゲストとどんな収録をしただとか、今日は大物アーティストに呼ばれてディナーショーに行ってきただとか、裏話を聞くことができるのです。また北原照久さんの交友関係やゴルフの話なども楽しく聞けて、リスナーさんから人気です。

ただ、クラブハウスに録音機能が追加されて、各チャンネルはどんどんアーカイブが増えていくなかで、「テルズバー」はここだけでしか聞けない芸能裏話が満載だという理由などから録音を残さない、オンタイムだけの配信にしています。毎回レギュラーとして参加しているタレントで俳優の山田雅人《やまだまさと》さんの名人芸である語りや弾き語りが聞けるのも、特別感があると好評です。ラジオやテレビ、映画の話など、芸能界の話を含め、裏話が盛りだくさんのため、聞いている人にとっては特別感を感じていただけているのではと思っています。

そして、常連メンバーも、はじめてのリスナーさんも、だれでも気軽にその日のテーマに沿った話を披露することができます。基本的には一人数分の持ち時間ですが、好きな食べ物、宝くじが当たったら欲しいもの、行ってみたい外国、生まれ変わってなりたいもの、など多岐にわたってテーマトークをする時間を設けています。最初は緊張していた人も、自然と話せるようになり、常連メンバーはすっかり話し上手です。

そういう意味では、「テルズバー」が、一人暮らしの人にとっても、その日を振り返って、だれかとことばを交わす、楽しみな時間になり、ゆったりと寛ぐ時間になっていたらいいなと思っています。

「伝わる話し方ＣＬＵＢ」は夢を語る場所

「伝わる話し方ＣＬＵＢ」は伝わる話し方をテーマに、アナウンサーや講演家、作家、著者、プロデューサーなどと一緒に、楽しく本質的に語り合うクラブです。私がインタビュアーになり、ゲストを招いて話を聞くクロストーク形式の番組です。

どんな人がメンバーになっているかと言えば、全国各地で活躍する同業のアナウンサーや経営者、出版プロデューサー、各業界の講師陣、ベストセラー作家など、多種多様な人たちばかり。そんな人たちが入れ替わり立ち替わり、私の立ち上げる番組内でゲストとの対談に耳を傾けたり、タイムリーな情報や意見を交換したり、貴重な時間を過ごしていました。

憧れの人の話を直接聞ける場として、私自身も楽しんでいましたし、参加者からも感謝の声をいつもいただき、励まされることが多かったです。テレビや雑誌で大活躍の方々にインタビューする場合、多くの手順を踏み、スタジオを確保したり、カメラや配信準備など段取りが必要ですが、クラブハウスの配信はボタンひとつで、それをいつでもどこでも実現可能にしてくれました。

「肯定ファーストCLUB」はまず肯定から始まるコミュニケーション

「肯定ファーストCLUB」はEssential Management School（エッセンシャル・マネジメント・スクール以下EMS）で学んだメンバーを中心に、ものごとをまずは肯定的に捉え、対話を大切にしようというクラブです。友人に声をかけて、女性4人でモデレーターを務めて、その日のテーマに沿って、あれこれ話をしていました。

「肯定ファースト」のモデレーター4人のうち私以外の女性を紹介します。

１人目のモデレーターは、ＴＢＳの水曜ドラマ「ファーストペンギン」のモデルになって注目を浴びている、山口県の萩市在住の坪内知佳《つぼうちちか》さん。株式会社ＧＨＩＢＬＩ代表取締役で、地球を大事にする魚の直販ビジネス、船団丸ブランドを全国に展開中です。知佳さんは私にクラブハウスの招待状を送ってくれた、まさにクラブハウスへの案内人です。恋愛で言えば、キューピット役です。ご縁をもらったので、番組を始める時、真っ先に「ぜひ一緒にチャンネルを持ち、語り合いませんか」と声をかけました。明るく芯があって、尊敬できる経営者です。

２人目のモデレーターは、同じ鹿児島出身で、デザイン会社「Qulatomy design＆co」（クラトミデザイン）を経営している倉富喜久子《くらとみきくこ》さん。５年前に趣味で始めた釣りに夢中になり、早朝の海釣りにも出かけていく釣りガール。老若男女問わず、釣り好きが増えるように、釣りメディアのアドバイザーもしているほど。コロナ禍で東京から神奈川県の小田原に引っ越し、ワーケーションを推進しています。あたたかく、人と人の縁をつなぐ、アクティブな女性です。

3人目のモデレーターは英会話講師で、「あなたをバイリンガルにします」をキーワードに英会話レッスンやセミナーを開催している東京都在住の神林《かんばやし》サリーさん。最新刊の『英語が身につくひとこと手帳』など英語本を12冊出版し、英語は楽しいことをさまざまな角度から発信しています。20万部のベストセラー作家としても、本を書くにあたっての紆余曲折をずっと見守ってくれた、気の置けない親友です。

どんな発信をしていたか

「肯定の本質とは、ポジティブなエネルギーを与えること。だからこそ、肯定し合う場全体のエネルギーが高くなり、いるだけで身体が温泉に入った後のようになる」と、ＥＭＳを創設し、１０００人以上の修了生を輩出した、西條剛央《さいじょうたけお》さんは話しています。

私はコロナ禍でＥＭＳに出会い、西條さんのもとで学んだ経験から、肯定ファーストの考えが深くなりました。このテーマを掲げる上で、西條さんにも許可を取り、ゲストとして登場してもらいました。

「なぜ肯定ファーストが大切なのか」という話から始まりました。

東日本大震災で全国の支援者を巻き込んだ巨大支援プロジェクト成功にいたった経緯などを聞きました。そこでの学びが何よりも「肯定ファースト」だったことなど赤裸々な話を聞き、とても白熱し、とても盛り上がりました。

私がつくった番組でゲストに招いた人は、魅力的な人ばかりでした。業界を引っ張っていくトップクラスの人ばかりです。話を伺って感じた共通点は、心が純粋であること。利他の精神にあふれていることでした。クラブハウスでの対談にお金は発生しません。それでも、自分の時間を割いて、話をしてくれるのですから、本当に感謝しかありませんでした。

そして、ゲストの皆さんは決まってこういうのです。「素敵な機会をつくっていただき、ありがとうございます。福満さんと話ができて、色々引き出してもらって、とても楽しかったです」と、いつもお礼の言葉をかけてくれました。「自分の経験や考えがだれかの役に立てば嬉しいです」という声もよく聞きました。また、「今日の話を皆さんが自分の日々の生活にぜひ生かしてもらえたら、それほど嬉しいことはない」と言ってくれた人もいます。

コロナ禍で自由に人と会えなかった時期に、人は皆、コミュニケーションを求めていました。そんな私たちを救ってくれたのがクラブハウスだったのです。本当はだれかと会いたい。でも会えないから、せめて声が聞きたい。今の生の話が聞きたいと、切に願っていた時に現れた、救世主だったと思っています。人はだれかの声と言葉で癒され、勇気づけられ、心でつながることができました。

クラブハウスでもよく「出会いがすべて、出会いが人生をつくる」と北原照久さんが言います。私もその言葉に心から賛同し、一期一会を大切にしています。クラブハウスで、たとえ一瞬の出会いだったとしても、その人の心になんらかの変化を起こせるかもしれない、と思って言葉を発しています。共感と笑いと励まし。それがいつも詰まった場でありたいと思っています。

（1）毎晩盛り上げてくれる「かたり」の名人　山田雅人さん

最初に紹介するのが、「テルズバー」に欠かせないレギュラーのひとり、山田雅人《やまだまさと》さん。競馬好きのお父さんに連れられて競馬場通いをしているうちに騎手を目指すも身長が伸びすぎ断念したとか。15年前にはじめた「かたり」は架空競馬実況中継ネタであったようです。芸能生活も40年を超え、話芸家、俳優として活躍されていますが、現在は話芸「かたり」をライフワークとして活動されています。これまでに創った「かたり」は１２７本にもなるそうです。

山田さんとの出会いはクラブハウスでした。弾き語りのしょうじゅんさんの紹介で「テルズバー」に入ってこられた日のことはよく覚えています。

テレビなどで活躍される著名な方なのでお名前は知っていたのですが、はじめに、「こんばんは、山田雅人です」と丁寧に挨拶をされ、ご自身の自己紹介をされました。とても控えめな印象をうけ、有名人なのになんて謙虚な方だろうと思ったことを覚えています。

長年芸能界の荒波にもまれてきた山田雅人さんは、北原さんを「北原先生」と呼びかけます。常に尊敬の念をもって接するとても素敵な方です。

毎日参加されてもう2年近くになりますが、その謙虚な姿勢は変わりません。

「北原先生、福満さん、岩田さん、こんばんは、今日もよろしくお願いします」

芸の道を生きてきた本当のプロフェショナルとは、こんな方なのだといつも感じさせられます。

クラブハウスでの、笑いを散りばめたスピード感のある「かたり」はまさに名人芸です。じつはそんな山田さんですが、「もともとは一人で舞台に立ち、漫談と競馬中継ネタで持ち時間15分の高座に上がっていた人間です」と振り返ります。

そして、「恩人筆頭、特別な存在」である放送作家の高田文夫先生との出会いがターニングポイントになります。高田文夫さんに才能を見出され、その高田さんが「落語でも講談でもない『かたり』。うまいところを見つけた」と舌を巻いたそうです。

私は何度か「かたり」のステージを見させていただきましたが、そこは、効果音も映像もなく、共演者もいない。照明も動かない、ただあるのは言葉だけ、そんな世界です。涙あり、笑いあり、感動ありの、まさに独り舞台です。

あるとき、高田文夫さんに「稲尾和久」を聞きたいとリクエストされやっと完成して、高田さんに報告するや否や、今度はそれをお披露目することになります。山田雅人さんの「かたり」の東京での初舞台が決まりました。しかも2日間急遽もう一本「江夏の21球」を創ることに。お客さんを前にした生の舞台は逃げ出したいほど怖かった。舞台を見た高田さんには「これで食べていける。『かたり』でいけ!! 真っ直ぐ進め」と太鼓判を押されたそうです。ちなみに、会場のブッキングに奔走したのが若き日の春風亭昇太さんでした。

山田さんの「かたり」に登場する人物は、長嶋茂雄さんや野村克也さんといった名選手。特に長嶋さんには強い思い入れがあり、長嶋邸のリビングで熱演されたのがいまや伝説になっているとか。さらに美空ひばりさんや島倉千代子さんらの歌謡界の大御所、さらには経済界まで広がり、松下幸之助さんや本田宗一郎さんまでが「かたり」に登場します。

山田さんのすごいところはその「ネタ」作りです。交流のある方はもちろんですが、「この人の語りをしたい」と思えば本人に会いに行く、亡くなられた方なら、その方の家族や知人に取材に行かれるそうです。

2021年、実際に北原照久さんの佐島邸で山田雅人さんにお会いした時、オリジナルの語り「北原照久物語」をつくる取材に立ち合いました。食事をしながら、ゆっくりと会話し、その後のティータイムを合わせて3時間ほどだったかと思います。

その取材現場に立ち合って感じたことは、ひとことも聞き逃さない真剣さ、相手の言葉を引き出すやわらかさ、事実の裏に隠された背景や理由を探す鋭い視点、など、同じく取材をするものとして、とても勉強になりました。

その後、披露された「北原照久物語」は生まれてから現在まで北原さんの人生がぎゅっと凝縮されて拍手喝采でした。

(2) クラブハウスに響く生歌　シンガーソングライター中村あゆみさん

シンガーソングライター中村あゆみさんは北原照久さんの親しい友人のひとりとして、よく「テルズバー」に来て、生歌で「翼の折れたエンジェル」を何度も歌ってくれます。

中村あゆみさんはコロナ禍で、新たな境地を開き、ジャズの名曲を歌い、最新アルバム「Enter」（２０２２年3月14日）をリリースしました。「枯葉」や「Fly Me To The Moon」「ゴッドファーザー愛のテーマ」など名曲揃い、とても聞き応えがあります。このアルバムがテルズバーのＢＧＭです。

生歌でもそのアルバムからジャズのナンバーを披露し、とても雰囲気のある癒しの時間をプレゼントしてくれました。話す際も、とても気さくで、私たちに対して丁寧に言葉をかけてくれるので、みんなファンになっていきました。

「いろいろ苦労したんですよ」と身の上話も聞かせていただき、芸能人として華やかな活躍の裏で苦労した過去を知りました。もともとは女優になりたくて上京したものの、歌手への道がどんどん開けていったこと、1985年4月にリリースされた3枚目のシングル「翼の折れたエンジェル」をつくった高橋研さんとの出会い、加山雄三さんの事務所でお世話になったことなどを伺いました。私たちに「夢を諦めないこと」「自分の可能性を信じて行動することの大切さ」を教えてくれました。

はじめて聞く話ばかりでしたが、「今では笑って話せるけど、当時は辛く大変な時期もあった」と快活に「皆さん、コロナ禍でいろいろ大変な思いしていると思いますが、私も自分にできることがないかなと常に考えて、歌い続けることと、ジャズという新しいジャンルに挑戦することで、皆さんを勇気づけたいと思っています」

と、私たちにエールを送ってくれました。その言葉に感動し、前を向こうと思った人も多く、その後、たくさんのリスナーさんから感想やお礼がありました。

中村あゆみさんはデビューする前から、歌手としての成功を強く思い続けて、自分を信じ切っていたと言いました。しかも、若い時は有言実行タイプではなく、人に夢を話さないものの、映像として自分の成功をありありと描くことができたそうです。しかも、ステージに立ち、どんな言葉を自分が発するかも決まっていたと言います。

やっぱり、輝く人は輝く信念があるのですね。代表曲として知られる「翼の折れたエンジェル」は「日清カップヌードル」のCMソングになって、レコード、CDの売り上げは50万枚以上。オリコンで週間4位、1985年度年間13位という大ヒットを飛ばしました。その生歌を「テルズバー」で聴けるなんて最高のぜいたくとしか言えませんよね。

そして、中村あゆみさんにとって挑戦だと語ったジャズは、実は亡くなったお父様の好きだった音楽です。多くのジャズのレコードやカセットテープの山が出てきて、まるで導かれるようにジャズを歌うことを決めたそうです。これが父が残した偉大な財産だと話してくれました。

「ジャズの人に寄り添う感じが好きで、コロナ禍の今を生き抜く私たちに必要な歌はロックよりジャズなんじゃないかなと思っています。昔の人が大切に歌った歌を私も丁寧に歌います」と楽しそうに話しました。

中村あゆみさんがライブをすると聞いて、クラブハウスのメンバーで何度もライブに足を運びました。感激したのは、ライブ中「福ちゃん、来てくれてありがとう」と何度も言い、「皆さん、福ちゃんの本よろしく」と紹介してくれました。ステージで歌う姿は、まさにロックの女王という貫禄と、笑顔が素敵でチャーミング。ジャズを歌う時は大人の雰囲気を漂わせ、そのアンバランスさが魅力です。ステージでまぶしいくらいに輝いていました。

(3) 紅白出場の夢を語る　歌手で俳優のケニー大倉さん

北原照久さんがかわいがっていることもあり、「テルズバー」だけ特別参加して、その歌声を聞かせてくれた歌手で俳優のケニー大倉さん。ケニー大倉さんは元キャロルのメンバーで伝説のロックスター、ジョニー大倉さんの長男です。北原照久さんには「ケン坊」と呼ばれています。

クラブハウスで何度か話して、初めてお会いしたのは北原照久さんの佐島邸でした。作詞家の売野雅勇《うりのまさお》さんや歌手のマックスラックスのおふたりなど、アーティストが集まった際でした。とても礼儀正しく親しみやすい印象で、そのあと何度かお会いするたびに楽しい会話で笑わせてくれる人です。

ケニー大倉さんは17歳で映画「嵐の中のイチゴたち」で準主役デビューして、現在は歌手、俳優として活躍しています。コロナ禍2年目、２０２１年2月22日にはみんなを勇気づけたいと自ら作詞作曲した「ＴＥＮＤＥＲＬＹ～明日の君へ」（B面は「不滅のロックスター」）をリリースしました。

その歌の中で、「自分を変える努力よりも、自分を生かす努力を続けていれば、過去の自分が助けてくれる」という歌詞が心に迫ります。ライブでは、ファンの皆さんも歌詞がいいと口ずさんでいました。普段からとにかく性格の良さ、人柄の良さがにじみ出ていて、ロックを歌う時の情熱的な雰囲気とはかけ離れたギャップに、女性ファンは心をつかまれているようです。

50歳の誕生日の前日には、東京・銀座タクトで「KENNY 50th BIRTHDAY LIVE 2022～夢の続きvol.4～」を開きました。節目の年を迎えるにあたって、フリフリシャツで王子様のような衣装を着て全20曲を熱唱しました。「奇跡の50歳を目指します」と宣言し、母親のマリーさんに「産んでくれてありがとう」と花束を渡しました。そして、9年前に他界したジョニーさんを偲んで「親父のジョニーとも、親子になれて最高の財産だと思っています」と感謝の言葉を言いました。

ケニー大倉さんは調布FMやIBC岩手放送など、北は北海道から南は沖縄まで全国のラジオ局を結んで放送している「J-BLOODのポップンロールコレクション」でラジオパーソナリティーを務めています。パートナーは弟の大倉弘也さん。アシスタントはフリーアナウンサーの岩下賢一郎さん。３人の息のあった軽快な掛け合いが面白くて、ゲストも交えての週末の１時間を楽しみに、私は毎週聞いています。

そのラジオに２０２１年秋、ゲストに呼んでいただきました。３週にわたって、アナウンサーのエピソードや人財育成コンサルタントとしての思い、クラブハウスでの出会い、今後の活動について話しました。普段、静かな弟の弘也さんも積極的に話に加わり、終始笑いが絶えない楽しい放送になりました。

しばらく経ってリスナーさんから「福満さんが病気を克服してアナウンサーになったという話に励まされた。私も夢を諦めずにがんばります」というお便りが届いた時も、事前にご連絡をいただき、その丁寧さに感動しました。

「ぼくはね、大兄（北原照久さんを「おおあに」と呼んでいます）に出会って、大切なことを色々学んでいます。言葉の持つ力、言霊があるから、常にいい言葉をいうとか、だれに対しても誠実に対応するとか。朝は常に、感謝ありがとう！　感謝ありがとう！　感謝ありがとう！　と3回言って、感謝を言葉に出すようにしています」とさわやかに笑いました。

そんなケニー大倉さんは、3年以内に「NHK紅白歌合戦」に出場すると熱く夢を語り、いつも前向きにライブ活動を行っています。ケニー大倉さんが大晦日の夜、大きなステージに立つ姿を想像して、応援したいと思っています。

(4) クラブハウスの人気者　武田双雲さん、のぶみさん

実はクラブハウスを聞いていていちばん驚いたのは、書道家で現代アーティストの武田双雲さんの「天真爛漫さ」です。社会的にはNHK大河ドラマ「天地人」など数々の題字を担当する書道の達人です。

著書は50冊を超え、最近出版した『ありがとうの教科書』は、30万部を超えるベストセラーとなりました。累計100万部を超えるベストセラー作家として多くの読者に支持されています。

そんな武田双雲さんのことはよく知っていましたが、クラブハウスで話している武田双雲さんの話しぶりを聞いていると、これまで抱いていたイメージと違うことが嬉しくなりました。なんて無邪気で楽しい人なんだろうと思いました。

武田双雲さんのいるルームには、いつもたくさんの人が集まります。

自分のことを「感謝オタク」と言って相手がだれであっても態度を変えることなく、感謝の気持ちを素直に示します。

思いのままに歌ったり、枠に囚われない自由な発言をしたり、とにかく「天真爛漫」という言葉がピッタリ当てはまる人なのです。

まるで子どものような無邪気さで、人の懐に入っていき、垣根なく話すおおらかさを感じます。屈託のない、おおらかさだけではなく、宇宙や物理的な事象についても物知りで、深く物事を考える奥行きも彼の魅力だと気づきました。

２０２１年のある日、絵本作家ののぶみさんのルームが開かれました。

のぶみさんはこれまで23年にわたり２５０冊もの絵本を出している絵本作家です。代表作は『ママがおばけになっちゃった！』（講談社）で61万部のベストセラーになっています。また、これまでNHKのEテレでイラストや作詞を手がけるほか、『情熱大陸』や『嵐にしやがれ』にも出演してきました。

バッシングを受けたのぶみさんを励ますルームが開かれた時にも、武田双雲さんは一石を投じました。

「実は。ぼくも昔、ひどい中傷を受けて傷ついて、何も手につかなくなったことがあるんだよ。本当に傷ついて、ぼくなんて、いなくなればいいとさえ思った」と打ち明けたのです。それは、絵本作家ののぶみさんを何よりも励ますことばに聞こえました。

武田双雲さんも、のぶみさんと同じく芸術の道を歩み、ひとり闘いながら、創造的な世界に生きている人です。多くの独創的な作品を世の中に送り出して、大活躍している書道家と絵本作家なので、荒波を何度となく乗り越えてきたことは想像できます。活躍の場は違っても、同じく大舞台で活躍してきたふたりだからこそ、注目を浴び、意見や見解の違いから批判されることもあったのでは、と思います。

のぶみさんは心やさしい方です。親身に人の話を聞き、共感してくれます。そんなのぶみさんが落ちこんでいる、という話をした時、リスナーの皆さんも聞いてはいましたがただ寄り添うことしかできませんでした。だからこそ、このタイミングでの書道家武田双雲さんのこのことばは響いたと思います。すると、同じように誹謗中傷を受けたことがある人たちの共感を呼び、どんどん仲間が集まって、「僕も」「私も」と悩みや生きにくさを次々に告白し始めたのです。辛い気持ちを打ち明けることで心が軽くなるといいますが、聞き手も皆やさしく、あたたかな雰囲気に包まれました。

クラブハウスは楽しい場であることが多いので、リスナーの一人として、そのような場に立ち会えたことは強く記憶に残りました。その日、その時、聞いていた人は自然に過去の経験を告白しました。武田双雲さんの影響力を感じずにはいられませんでした。

同じような経験をした人たちが集まり、話す場があるのは心強いものです。突き放す人はほとんどいません。至らない点を指摘し、相手を打ち負かそうという人も余りいません。もし仮に嫌な雰囲気だと思ったら、パッと立ち去ることができるので、安全は確保されています。

クラブハウスは一緒にただ、話を聞こうという人に出会える場です。声と言葉を通じて、人とつながり、その人の本質を知ることができる場です。著名な人も多く参加していますが、みな同じ人間だもの、人生いろいろあると感じずにはいられません。そう思えるだけで勇気と希望が湧いてきます。

(5) ガーナを救う！　美術家の長坂真護さん

クラブハウスでスペシャルゲストを迎え、北原照久さんとともにインタビュアーを務め、じっくりインタビューした人は8人います。招いた順にご紹介すると、プロレスラーの丸藤正道《ふじなおみち》さん、イリュージョニスト（大掛かりなマジック）で、「情熱大陸」や「アメリカズゴッドタレント」などに多数出演している原大樹《はらひろき》さん、作詞家の売野雅勇さん、アーティストの長坂真護《ながさかまご》さん、作詞家の吉元由美《よしもとゆみ》さん、「人は話し方が9割」の著者の永松茂久《ながまつしげひさ》さん、シンガーソングライターの中村あゆみさん、俳優でタレントの山田雅人さんです。

その道で注目されている人ばかりですが、皆さんの話は苦労と挫折、驚くほど大変な経験もあり、そこから挑戦し続けて、今の成功をつかんだという十人十色のサクセスストーリでした。聞くだけで勇気づけられ、本当に感動し、目標を持って生きることの大切さを教わりました。

そんななかで、最年少ゲストだったのが長坂真護さんです。１９８４年生まれ。２０２１年2月23日、36歳の時にクラブハウスにゲストで登場しました。

劣悪な環境で暮らしているガーナの若者や子どもたちを救おうと、廃材でアート作品をつくり続ける美術家であり、社会活動家です。絶対的に心の支えとなったという北原照久さんや、アチーブメント株式会社代表の青木仁志《あおきさとし》さんとの出会い、作品づくり、ガーナでの活動など、生々しい話を聞くことができました。

長坂真護さんは、2017年6月、先進国が捨てた電子ゴミが大量に運ばれているガーナにショックを受けます。そこは「電子ゴミの墓場」と呼ばれている、ガーナのスラム街、アグボグブロシーです。先進国が次々に持ち込んだゴミに埋もれる、後進国の子どもたちを見ました。やるせない気持ちになったと言います。

ガーナは貧しく、若者たちは有毒ガスが充満したなかで、電子ゴミを燃やして、わずかな貴金属を取り出し、それを売って1日わずか500円で生活していました。ムッとするような熱気と息ができないくらいの臭気が漂い、なんとも言えない殺伐とした光景が広がっていました。

そして、こう思ったそうです。

「私たちの幸せは、だれかを不幸にして成り立っている」と。

激しい憤りを感じ、カチッと何かスイッチが入るのを感じました。

そして、「命をかけてやらなければならないことがある」と、ガーナを救うことを決心しました。その決心は決して揺るぐことがなく、アーティストとしての才能を生かして、数々の作品をかなりのスピードで生み出していきました。アフリカに行き着いた、ありとあらゆる電子ゴミを使った、風刺のきかせたアート作品です。作品のすべてにメッセージが込められています。アート作品を見つめるだけで、身につまされるような気持ちになります。

そして、作品を最初に買ってくれた恩人が、なんと北原照久さんでした。思いを込めてつくった作品を、テレビで知っている鑑定士の北原照久さんが認めてくれたということが嬉しかったと言います。

北原照久さんは、長坂真護さんの作品を見た時にハッとしたとそうです。そして、長坂真護さんの作品に、何か特別なものを感じました。そして、特に目を引いたガイコツをモチーフにした作品を購入することにしました。その時交わした会話もユニークです。

「ねえ、この作品を僕に売って」

と北原さんが言うと、

「いくらがいいですか。売ったことがないから分からないので、いくらでもいいです」

という答えが返ってきました。

そこで、まだ無名だった長坂真護さんの将来を考えて、北原さんは「30万円」の値をつけます。それが起点となり、ひとつ、またひとつ、と絵が高値で売れるようになりました。

2018年、スラム街の人たちを題材にしたアート作品が1500万円で売れて、現地の若者たちと交わした約束を果たすべく、実行に移しています。これまで1000個以上のガスマスクをプレゼントしています。これでもう有毒ガスを直接、吸い込むことはないよと、自ら持っていきました。

長坂真護さんはガーナの悲惨な状況を知ってからは、個展を開き、絵が売れて、まとまったお金ができたらガーナに飛びました。そして、自分も一緒に作業をしたり、子どもたちに絵を教えたりしました。それでは追いつかない、ガーナの未来は変えられないと気付いて、将来的な教育が必要だと、2018年に完全無料の私立学校を設立し、2019年8月にはアグボグブロシー5回目の訪問時に53日間滞在して、スラム街初の文化施設を設立しています。

また、１００億円かかると言われるゴミ処理施設のプロジェクトに乗り出しました。２０３０年までに世界最先端のリサイクル工場を建設することを目標に掲げています。


私が長坂真護さんに出会ったのは２０１９年7月、東京銀座の三越前のギャラリーです。当時、長坂さんを支援していた経営者の紹介で展示会とトークショーに参加しました。そのころ、とんとん拍子に話が進み、ハリウッド映画制作が決まったり、プロジェクトが動き出したところでした。私も応援し、オリジナルのデザインTシャツを購入したり、本を購読したり、ＳＮＳに記事をアップしたりしました。

その後、長坂真護さんの「ガーナを救う」という信念が社会を突き動かします。多くの支援者によって、廃材を使った絵が高値で売れるようになったのです。さらには廃材を芸術作品に仕上げた長坂真護さんのオリジナル作品も、高い評価を受けるようになりました。

２０２１年、長坂真護さんのアート作品の売り上げは約8億円です。そして、２０２２

年はさらにそれを上回る売り上げを達成しました。しかし、自身のギャランティーは作品の売り上げの5パーセントに決めています。残りはガーナのスラム街で暮らす人たちの雇用を生む資金や、環境改善の事業に当てることにしました。

地球規模で、社会を良くしようと命懸けで取り組む、長坂真護さんの生き方は、強く、逞しく、私たちに多くの気づきを与えてくれました。人知れず苦しんでいる人を見たら、決して見過ごすことなく、出来る限りのことをしようと、私は長坂真護さんの話を聞いて誓いました。

少なくとも先進国に住む私たちは、後進国に住む人に比べて豊かな生活をしています。電気、水道、ガス、恵まれた生活をしています。水道の蛇口をひねれば、きれいな水が流れ、ごくごく飲むことができます。その豊かさを、どう生かすか、どう社会に反映させていくか、見知らぬ誰かのために行動したいと思っています。

(6) 言葉の力を訴える　作詞家の売野雅勇さん

売野雅勇《うりのまさお》さんはこれまで1800曲以上もの作詞を手がけ、中森明菜さんの「少女A」や郷ひろみさんの「2億4千万の瞳エキゾチック・ジャパン」などヒット曲を数多く生み出している作詞家です。やはり、北原照久さんと懇意にしていることがきっかけで、クラブハウスにも数回遊びに来て、話を聞くことができました。

売野雅勇さんからは、クラブハウスで、北原照久さんとの運命的な出会い、これまでに作詞した歌の制作秘話やアーティストとの出会い、リリースした時の裏話などを聞かせてもらいました。

おふたりは「前世は夫婦か恋人か、はたまた師匠か恩師か、一生のライバルか」とよく笑いながら話しています。それほど、どんな関係性さえ想像できるくらい以心伝心なのだそうです。

運命的な出会いとは、おふたりが60歳を過ぎてからです。北原照久さんが長年担当するラジオ番組で、ゲストに来る人からよく、売野雅勇さんの名前を聞いていたそうです。ある日、弟のようにかわいがっている友人が病気になります。そこで、元気づけたいと思い、麻倉未稀さんのヒット曲「ヒーロー」をその友人に送りました。

あまりにもいい歌詞だなーと思って、その作詞家をゲストにぜひ呼ぼうと言う話になります。すると、その作詞家というのが売野雅勇さんだったというわけです。売野さんは北原照久さんと出会った時に、「ピタッと魂が引き寄せ合うような感じがして、とても安心感があった」と話されました。

北原照久さんも、「ほとんどの人と気が合うんだけど、そういう感じじゃなく、昔からの親友にやっと会えたような特別な感じがした。だから、僕は売野さんのことをうりぼう、売野さんは僕をアニキ、と出会ってすぐ呼び合うようになったんだよ」と教えてくれました。

ラジオ番組で出会ってすぐ、今度はぜひ佐島邸にと北原さんは誘いました。すると、多忙を極めるベテラン作詞家にもかかわらず、売野さんはすぐに車を走らせ、北原さんの佐島邸にやってきました。そこでもすぐ意気投合したと言います。

売野さんは北原さんのことを「音楽のようだ」と例えました。まるで、レイ・チャールズやナット・キング・コールのようだと、ラジオ番組で話し、その存在を絶賛。これを生放送で聞いていた北原さんは本当に嬉しかったと、心底うれしそうに話してくれました。ふたりは音楽に限らず、映画も、車も、ファッションも、好きなものが似ていて、会えないと寂しいと思う存在だと言います。そんなふうに、一瞬で惹かれ合う出会いがあるものなんですね。一緒にいると安心して、とても落ち着く。家族のような関係というのが、素敵だと思っています。

また、売野さんが手がけた歌の数は1800曲を越えますが、机にかじりついてじっくり書くこともあれば、ふっとイメージがおりてきて、一気に書くこともありました。荻野目洋子さん、中森明菜さん、チェッカーズなど出す曲全てヒットしていきますが、それはその歌手に会った瞬間にピンときて、歌詞がわいてきました。「誰に歌ってもらうかは歌詞を書くうえで重要だ」という話も興味深かったです。

このアーティストだから、この歌詞に説得力が出るとか、この歌詞を味わい深く歌いこなせるのは彼女しかいない、という具合に大人びた歌や情熱的な歌がアーティストによって浮かんできたそうです。

そういう時は、歌詞が完成した時よりも顕著で、アーティストが歌った時に命が吹き込まれ、完成されていきました。フィクションとノンフィクションが混ざり合う瞬間、アーティストの魅力によって何倍にも膨れ上がったと教えてくれました。

たとえば、中森明菜さんの「少女A」の秘話を語ってくれました。売野さんにとって、初めてアイドルに歌詞を書いた曲だといいます。しかもその歌詞に曲をつけて、コンペに参加する形式でした。結果は曲がボツになり、歌詞だけなぜか生き残りました。その後、のちに数々の大ヒットコンビになる芹澤廣明《せりざわひろあき》さんの曲で歌が完成したそうです。

サビで有名な「じれったい、じれったい」の歌詞についても、もともとは「ねえ、あなた、ねえ、あなた」だったという秘話を教えてもらいました。中森明菜さんは当初、この歌を歌うことを嫌がって、仕方なく撮ったジャケットも「笑顔にはほど遠い、大人びたものになりました。しかし、それがかえって「少女A」の雰囲気を漂わせ、大ヒットにつながったのでは、とのことでした。新人では異例の11週連続ベストテン入りを果たしたそうです。

すべてはつながっていたのかも、と当時を回想します。売野さんは中森明菜さんに向けて、「少女A」を含めて実に9曲書き下ろしました。中森明菜さんが歌うための歌詞をあてがきし、歌えば当たる、という状況が続きました。

ちなみに「禁区」は、中国旅行をした売野さんが、現地で目にした文字から発想を得ました。「立ち入り禁止」を「禁区」というんだと衝撃を受け、歌のタイトルにしました。経験や目にしたものが、記憶に蓄積され、しばらく経ってからポンと形になって、歌ができあがります。

恋の歌も、両思い、片想い、純愛などさまざま、すべて経験したことというわけではないが、想像も含めて、自分の内側から出てきたものだと、売野さんは話してくれました。曲を書く時はあまり悩まず、すぐにできるということでしたが、唯一コロナ禍で書けなくなったことがあったそうです。

そのスランプを経験したことで、初めて書けない辛さを知って、すっかり強くなったなと笑っていました。

(7) 人を癒やし、救う歌「ジュピター」作詞家の吉元由美さん

クラブハウスを通じて出会った人は多いですが、クラブハウスで出会う前から、共通の友人が多く、Facebookなどでよくその記事なども目にしていたのが、作詞家の吉元由美さんです。友人が作詞を学んでいるという投稿を何度か目にして、会う前から素敵な人だなと一方的に憧れていた女性です。

２００４年の新潟県中越地震。その時、被災地の人の心を癒やした歌がありました。それは、２００３年12月17日にリリースされた「Jupiter（ジュピター）」です。平原綾香さんのデビュー曲として、ミリオンヒットを飛ばし、第46回日本レコード大賞・新人賞を受賞しました。

その歌の作詞者が吉元由美さんです。曲は、イギリスの作曲家ホルストの管弦楽組曲「惑星」の第４楽章「木星」で、だれでも一度は聞いたことのある有名な曲です。そのクラシックの名曲に、吉元由美さんが歌詞をつけました。イギリスでは愛国歌としても親しまれているそうです。

その歌が、被災者を勇気づける歌、励ます応援歌として、広く人の心をいやし、救いました。歌が発売されて、ほどなくして、新潟県内のラジオ局で「ぜひ曲をかけて欲しい」と「ジュピター」にリクエストが多く寄せられました。吉元由美さんにとってはまったく予想しない展開でした。

被災翌年の２００５年から、長岡の花火大会のクライマックスで打ち上がる復興祈願の花火「フェニックス」のBGMにも「ジュピター」が使われています。実はことし、実際にその長岡の大花火を見てきましたが、白一色で次々に打ち上がる、真っ白な花火の連打とともに「ジュピター」がかかった瞬間、止めどなく涙がこぼれました。平原綾香さんの伸びやかな歌声にのって、平和への祈りが込められたような歌詞がグッと胸に迫ったからです。壮大な音楽にのり「ひとりじゃない、深い胸の奥でつながっている」という歌詞が響き渡り、大きなやさしさに包まれました。

歌がこの世に出てからすでに20年経ちますが「平原綾香さんといえばジュピター」と言われるほど有名になりました。これまで1000曲近く作詞してきた吉元由美さんにとっても、「ジュピター」はいちばん思い入れの深い歌になりました。

「あれは綾香さんだから歌えた歌。綾香さんの歌声を初めて聞いた時に、血の底から湧き上がってくるような、天から降りてくるような声でした。ネイティブアメリカンの聖地、セドナの地平線に稲妻がピッと走る、強烈な光景を思い出しました。天と地を結ぶ歌を書けばいいのだと一瞬で思いました。地球や宇宙、という壮大さを感じさせる圧倒的な声と歌のうまさが、それを可能にしましたね。ふつうの女の子なのに、歌い始めると独特の世界観がありましたね。今まで会ったことのないタイプで、引き込まれるような感じがありました」と吉元由美さんは話しました。

そして、歌ができた時「この歌はものすごく世間に受け入れられるか、ものすごく拒否される歌だ」と思ったそうです。それは「私たちは生かされている、ひとりじゃない」という宗教的なメッセージが込められていたからだと言います。

吉元由美さんは、杏里さんや加山雄三さん、河合奈保子さんなどの楽曲を数多く手がけてきました。「何か上からメッセージが降ってくるのではなく、言葉を丁寧に紡いでいくタイプだ」そうです。

「書いている間は自分のものだけれど、いったんアーティストに渡したら、自分の作品であっても、もう自分のものではなく、巣立っていくものだ」と話していました。それを街のどこかで聞いたり、ラジオやテレビから流れていたりすると、「まるで我が子の活躍を見守るような、母親のような気持ちになります」と照れくさそうに言っていました。

実際に、吉元由美さんには、都内や河口湖でのイベントなどでも何度も会っていますが、とてもチャーミングで、気さくで、心があたたかい人です。クラブハウスでも何度かインタビューさせていただきました。どんな時に歌が生まれるのか「作詞家として39年になりますが、こんなに長く作詞家を続けられたことが不思議に思えることがあります」と話していました。どんな話を聞いても、吉元由美さんの謙虚さに触れました。

その世界、その時代のことを考えながら歌詞を書くことは、吉元由美さんにとっては生きることそのものです。間をとって、じっくり考えながら、言葉を絞り出すように答えるのが吉元由美さんらしいところです。私はその受け答えを聞いていて、作詞家として、日々言葉を紡ぐことに真摯に向き合っているのが伝わってきました。

吉元由美さんは作詞家になりたてのころ、「写経」と称して、名詞（歌詞）の書き写しを1日20回、30回と続けていたそうです。そうすると、言葉やリズム、いい歌詞が自然と浮かんできたと言います。まさに、学ぶは「真似ぶ」。文章も話し方も、仕事も、いい師匠を見つけて、いいものを真似ることが上達の道だと改めて学びました。

２０２２年５月６日に麟祥院本堂で行われた、「大人の寺子屋」で、村上信夫さんとの対談が記憶に残っています。言葉を生業とするおふたりの話はまるで静寂のなかで呼吸するように、スーッと心に沁み入りました。相手の珠玉の言葉や思いを引き出す村上さんのインタビュー、そして、妥協することなく、自分の思いを丁寧に伝えていこうとする吉元由美さん。やわらかく、時に厳しく。そんなやりとりが染み入っていきました。

とても印象深かったのが「言葉が乱れると国力が衰える」という話です。国力とは、政治経済ばかりでなく、文化そのもの。言葉は国の根幹をなします。言葉には魂が宿るものなのです。２人とも、最近は言葉に魂を込めず、おざなりに使っている人が多いと指摘していました。日々の言葉を大切に紡ぐことを意識しようと、改めて肝に銘じました。

(8) 豊かな人生をおくる　作家の本田健さん

クラブハウスのなかで、最初から多くの人のメンターとして異彩を放っていたのが２００冊の著書、９００万部超のベストセラー作家、本田健《ほんだけん》さんです。

代表作として、ミリオンセラーの『ユダヤ人大富豪の教え』をはじめ『20代にしておきたい17のこと』『きっと、よくなる！』『大富豪の手紙』などがあります。

本田健さんは、クラブハウスの特徴を最初から冷静に見極め、タイミングを捉えて、ほかのＳＮＳを使ってクラブハウスの面白さを紹介していました。私たちに「非常に有益なツールである。安全が確保されているので、自由に行き来して楽しむべきだ。嫌ならボタンひとつで、部屋をパッと退出すればいい」と話していました。

本田健さんは『伝え方が9割』（ダイヤモンド社）の著者、佐々木圭一さんからの招待で私とは一日遅れで入ってきましたが、みるみるファンが増えていきました。そして、機会あるごとに、佐々木圭一さんがきっかけでクラブハウスを始めたことを伝え、「当初、2枠しかなかった貴重な枠を佐々木さんが分けてくれたことに感謝している。おかげで早く始めることができて、クラブハウスの変化を十分に楽しむことができている」と話していました。そんな感謝の言葉を聞くたびにお人柄を感じました。

本田健さんがクラブハウスで話すと、何百人単位の人があっという間に人が集まり、多い時には２０００人ほどの人が集まりました。しかも、毎回興味深い話を聞かせてくれるので、私も必ずと言っていいほど、本田健さんのお部屋には入るようにしていました。仕事でどうしても手が離せない時などは話が聞けなくて損をしたと思うくらい、その内容に価値を感じていました。そんな貴重な話がなんと無料で聴けるクラブハウス、本当に開発者に感謝しています。

本田健さんは特に、豊かな人生を送るために何が必要かという話をさまざまな角度で話していました。「物心両面の豊かさ」「お金持ちになる思考」「メンターを持つこと」などを軸に、私たちがもっと前を向いて、もっと自由に生きられるような言葉を紡いでいます。クラブハウスのなかで、本田健さんはメンターを持つことの重要性をよく話されました。本田健さんはこれまで多くのメンターを師事し、成長してきました。

特に個人投資家で実業家の竹田和平《たけだわへい》さん、経営コンサルタントで経営の神さまと言われた船井幸雄《ふないゆきお》さんに引っ張り上げられたおかげで、この20年作家としての人生を第一線で活躍することができたといいます。

クラブハウスに2021年11月から録音機能が追加されたおかげで、今でも本田健さんの配信した内容を聴くことが可能です。たとえば、2022年年明け早々、3夜連続で話している「メンターから学んだこと」などは聞き応えがありました。これは2015年に出版された「人生を変えるメンターと出会う法」や「人生の師に学ぶ」という本に詳しく書かれている内容を聞ける貴重なダイジェスト版です。

1回あたり約1時間、質疑応答ありのトークライブでしたが、1月7日は願望達成編、

1月8日は仕事お金編、1月9日は人間関係、パートナーシップ編となっています。この配信は、zoomやYouTube、ＬＩＮＥと同時配信で届けられました。本田健さんのオフィスメンバー数人がサポートに入り、番組さながらのスタイルでした。その分、安定感、信頼性を感じて、話に集中することができました。

本田健さんの素晴らしい点は、まったく話を知らない人が聞いても分かるように1から、いえ、0から、わかりやすく噛み砕いて話してくださる点です。

メンターという言葉については、知っている人は知っているけれど知らない人もいますよね。じゃー、メンターって何？　というところから、話してくれるのです。

ちなみに、本田健さん曰く、「メンターとは導いてくれる先生、師匠、という意味ですが、部活の指導者や学校の先生、お世話になった上司など折に触れて指導してもらう人のこと。だれにでも、一人や二人、そんな人はいますよね。人生のメンターは想像できない高みを見せて、導いてくれる人のことです」と丁寧に定義していました。本田健さんは作家活動をする上でベストセラー作家や出版編集者、出版プロデューサーなど10人以上の人をメンターとして仰いだそうです。

しかも、ベストセラー作家としてのメンターはだれかといえば、ジョン・グレイさんというひとりで5000万部売った人や、ジャック・キャンフィールドさんとマーク・ビクター・ハンセンさんという世界3億部というギネス記録になる出版部数を出した人を挙げています。だからこそ、累計900万部を達成しても、まだまだ上がいて、まだ自分もやれるという気持ちになると教えてくれました。そんな話が私には大きなモチベーションにつながりました。

私にとって、本田健さんの魅力は大きく3つあります。
1つは知らないことを教え、導いてもらえる点。
2つ目は話し方のプロフェッショナルな点。
3つ目は人間としての器の大きさです。
実は本田健さんにはまだ直接お会いしたことがないのですが、私にとっては、著書やクラブハウスで学ばせていただいている大切なメンターです。

「わかりやすく、具体的で、共感する」

話にエピソードがふんだんに盛り込まれているので、学びになることがたくさんあります。

(9)「テルズバー」のレギュラー元プロ野球選手　若菜嘉晴さん

実は「テルズバー」を語る上で欠かせない人物がいます。

それは、元プロ野球選手で、野球解説者の若菜嘉晴《わかなよしはる》さんです。現在はソフトバンクジュニアの捕手コーチで、野球解説者として活躍しています。その若菜さんが、2022年の3月まで約1年ほど、毎日テルズバーのレギュラーとして参加してくれました。

若菜さんは1971年にドラフト4位で西鉄ライオンズ（現在の埼玉西武ライオンズ）に入団しました。アメリカに野球留学の経験もあります。その後、強肩巧打の選手としてスターの座を駆け上がりました。何度となく味わった挫折の話をテルズバーで、冗談まじりに話してくださいました。「俺も若かったなー」と回想しながら、ざっくばらんに語る様子が親しみやすく、その内容に感動したり、笑ったりしました。

毎回、プロ野球情報を中心に貴重なスポーツ情報を話したり、ご自身の現役時代の話をしたり、大いに盛り上げてくれました。若菜さんファンも多く、テルズバーのスポーツコーナーを楽しみにしてくれていました。若菜さんは深い知識と経験を独特の語り口で話し、リスナーを惹きつけるのです。

若菜さんが野球を始めたのは中学生になってからです。最初はまったく興味がなく、小学6年生まで野球はまったくやったことがありませんでした。中学、高校と野球を続けますが、甲子園出場はなかったと悔しそうに語っていました。高校時代は、当時のチームメイトに元阪神タイガースの真弓明信《まゆみあきのぶ》選手もいて、いいライバルだったと話していました。

実は書道の達人で、全国大会で入選し、文部大臣賞を受賞したこともあります。留学経験があるため、英会話もでき、スポーツ万能で頭脳明晰な印象でした。というのも、テルズバーで何を話すか、事前に準備して、理路整然と語るのです。私たちモデレーター３人も、山田雅人さんと若菜さんに貴重な話題を広げていただき、感謝していました。

福岡出身の若菜さんは、「福満さんは薩摩おごじょ（鹿児島の女性をそう呼ぶ）ですか。じゃー、男性をたてるのがうまいですね。それとも手のひらで転がしているのかな」とよく、楽しそうにおっしゃっていました。同じ九州出身ということで、鹿児島の話題を持ちかけたり、３択クイズを出したり、楽しいトーク展開を考えてくださる人でした。

プロ野球界という未知の世界の実情を話し、レジェントと言われる長嶋茂雄さんにとても感謝している話、王貞治さんを尊敬している話、定岡正二さんとの感動秘話など、聞くことができたのは、改めて貴重な経験でした。

また、若菜さんにはじめてお会いしたのは東京の京橋エドグランでした。想像以上の体格の良さに、私は驚きました。身長１８５ｃｍで、スポーツマンらしいガッチリした体、豪快な雰囲気はさすが元プロ野球選手という貫禄でした。

その後、横浜山手のブリキのおもちゃ博物館でお会いした時には、息子のグローブ持参で行って、なんと、ぜいたくにも若菜さんとキャッチボールをさせてもらいました。すると、

「お！　福満さん、うまいね！　いいボールだね、取るのも上手い、いいよ、いいよ」

と褒めてもらえたことがうれしくて、いい思い出になっています。少年野球をしていた息子に感謝です。息子にとっては練習相手にならない母親とのキャッチボールに時々付き合ってくれて、そのおかげで私は野球って楽しいなと、大人になってから知りました。ボールを取るのも投げるのも楽しいものなんですよね。

世界は、広い。知らない世界はたくさんある。野球やスポーツへの関心は、若菜さんのおかげで深まり、日々のニュースにも注目して、テルズバーでよく話題にのぼりました。若菜さんのトークは面白く、影響が大きかったなと今も懐かしく思い出します。お仕事な

どの事情で、今はクラブハウスで若菜さんとなかなかご一緒することがないのですが、いつでも若菜さんの席はテルズバーカウンターの中央にリザーブされています。

(10) うれしい言葉の種まき　村上信夫さん

クラブハウスはミラクルを起こす。元NHKエグゼクティブ・アナウンサーで、現在は、全国でことば磨き塾の塾長を務める村上信夫《むらかみのぶお》さん。遠い存在だった村上さんと、気づけば毎日のように言葉を交わしていました。コロナ禍で再会したのもクラブハウスのおかげです。

私にとっては、学生時代から憧れていたNHKアナウンサーのひとりです。私は1994年から4年、NHK鹿児島放送局にお世話になりました。夕方のニュース「イブニングネットワーク」のキャスターとして2年、「西日本の旅」や「おはよう九州」などのリポーターとして1年、その後、「フレッシュ情報かごしま」という鹿児島県内の情報番組のキャスターを1年務めました。ニュース番組も情報番組も、私にとっては大変興味深く、やりがいのある仕事でした。

村上さんにお伝えしたことはありませんが、アナウンサーを志した時から当時のテレビ画面で見ていた大先輩です。村上さんは「おはよう日本」や「ニュース7」などのキャスターとして第一線で活躍していました。現在、フリーアナウンサーとして活躍中の有働由美子さんと一緒に朝のニュースを担当していた時も、さわやかさとユーモアを兼ね備えたトークが光っていました。女性アナウンサーに憧れることは多くても、男性アナウンサーは数少ないので、私のなかでは強く印象に残っています。

ニュースの読みが歯切れよく、正確で、かけあいでは親しみやすさや快活な雰囲気が出ていました。キレのある有働さんとの息もぴったりで、テレビの画面を食い入るように見つめていました。ニュース前後のかけあいが自然で、どんな話題を持ってくるのかも楽しみのひとつでした。その時の、ふたりの何気ないことばのやり取りを、よくノートに書き写していました。当時のノートを探してみましたが、引っ越しに次ぐ引越しで、もうどこにいったやら、手元に残っていませんでした。あの時のノートがあったら、きっと私にとってかなりのお宝です。

まさか自分がＮＨＫのキャスターになり、その20年後に第一線で活躍していた人と出会い、かわいがっていただいているとは、不思議な気持ちです。アナウンサーの目標にしていた人と、クラブハウスで再会し、言葉を交わした時の感動は言葉に言い表せません。村上さんの講演などに足を運び、面識はあったものの、日常的に会話ができることに震えました。

村上さんはテレビで活躍したあと、11年にわたってＮＨＫラジオの声として多くのファンを魅了しました。そして、現在は「嬉しいことばの種まき」を全国展開中です。クラブハウスでも、朗読の部屋、読書好きが集まる部屋、インタビュー部屋…いくつかのルームを立ち上げ、精力的に話し続けています。

話す、読む、聞く、書く。取材する、原稿にする、リポートする。朗読する、司会を務める。アナウンサーの仕事は多岐に渡りますが、どれもわくわくする仕事です。好きなことを仕事にするより、得意なことを仕事にするといいとよく言いますが、私は、それがイコールになるように努力したいと思っています。つまり、好きなことを得意なことに引き上げたい、と思っています。

私がクラブハウスで開設したルームのひとつが「伝わる話し方」ルームです。伝わる話し方とは何かを対談形式で考えるものですが、このルームが大変好評で多くのゲストに登場してもらいました。村上さんには2021年3月12日の午後4時から開いた「伝わる話し方」ルームのスペシャルゲストとして登場としていただきました。

幼少時代や父親、母親との思い出、アナウンサーになったきっかけ、現在の活動に至るまで、打ち合わせ無しのぶっつけ本番で聞いていきました。もちろん、事前準備として、村上さんの著書を読んだり、発信しているSNSを見たりという情報収集はしてから臨みました。尊敬する父親像がくっきり浮かんでくる一方で、母親像は明瞭に浮かんで来ませんでした。

嬉しくないことばが口癖の母親を、村上さんは「反面教師」だと話していましたが、「お母さまは身を持って、愛情深く村上さんを育てたんですね。深い愛情があったからこそ、あえて厳しいことを言われたのだと思います。ことばへの思い入れも、お母さまのおかげですね」というようなことを伝えた時、村上さんはそれまで軽快だったことばを詰まらせました。そして、心の奥にある母への感謝と優しい思いを口にしたのです。本音を引き出せた瞬間です。

あとあと、お会いするたびに「はじめて泣かされたなぁ」という村上さんのことばは心なしか嬉しそうに響きます。そして、それが私にとっては何よりの褒めことばのように思えて、今もきらり心を輝かせます。人はなかなか本音を口にしません。照れ臭さや、虚栄心があるからです。でも、その本音を少しでも引き出すことができたら、それがその人の魅力にもつながるような気がしています。

人は奥が深いものです。どれだけ長く会話しても、分かり合えないこともありますし、たった一瞬で、心が通じ合うことさえあります。ことばは不思議です。対話やインタビューは難しいと感じる一方で、とても楽しい。相手のことを知ることができるから。打てば響く、そんな対話ができた時、相手のことがはじめて分かる気がするのです。

まだまだ聞き手として未熟ですが、村上さんを目標に、これから10年、20年と年を重ね、経験を積むなかで、今よりさらに人の気持ちに寄り添えるような対話を目指していきたいと思っています。

クラブハウスでオリンピック観戦

２０２1年7月23日、東京オリンピックの開会式の日です。いつも通り、テルズバーが開かれていましたが、テレビでは国立競技場を舞台に開会式が始まっていました。

私は思わず、

「皆さん、東京オリンピックをご覧になっていますか。これから世紀の一瞬が始まります。しばらくの間、一緒にこのシーンを目に焼き付けましょう」

と呼びかけました。北原さんも、

「そうだね、いいね。ちょっと見ていようか。４年に一度だし、みんなで見守ろう」

とすぐに賛同してくれました。ちょうど、読売巨人軍の終身名誉監督の長嶋茂雄さんが、王貞治さん、松井秀喜さんとともに聖火リレー走者として登場してきました。私たちはテルズバーでみんなとつながりながら、その光景を見ました。一歩一歩、走る姿を見ながら、胸が熱くなり、感動して涙があふれたのをしっかり覚えています。

長嶋茂雄さんは体を壊したものの、私たちの前に元気な姿で登場し、自ら手にした聖火を、医療従事者にしっかりとつなぎました。若菜さんが、
「実は、長嶋さんはオリンピックで歩き、みんなに生きる希望を与えたいとリハビリを頑張ってきたんです。オリンピックは特別なもの、と話していました。こうして自分の足で走って、私たちに勇気を与えてくれましたよね」
といつも以上に感慨深く話されました。そして、それを受けて、北原さんの
「いやー、この３人の姿に涙がでた。感動するねー。なんとも言えない」

という、しみじみしたことばを聞いて、また涙が出ました。

最初は会話だけで始まったクラブハウス。そのクラブハウスでつながったまま、音を消して、みんなと心ひとつにして、オリンピックに見入ったことは今も忘れませんし、きっとずっといい思い出として残ると思っています。あの時の、あのなんとも言えない感動が蘇り、心を温めてくれます。大切な思い出です。

コロナ禍での東京オリンピック開催についても賛否両論ありましたが、無事に開催されて、本当によかったと思っています。いろんな立場でものごとを判断すると、意見が割れるのは当然ですが、自分にとってベストを尽くすことは大切なことです。「今」「ここ」に集中して、自分らしく生きる。そんなメッセージを受け取ることができました。

☆　☆　☆　☆　☆

まだまだ、ご紹介したい人はたくさんいます

本来なら、出会ったすべての人との思い出を綴りたいのですが、限られた中での紹介になりました。私自身の心の棚には、他にもたくさんの皆さんがいて、泣き顔や笑い顔、喜びや悲しみ、挑戦や成功などが刻まれています。

ひとりひとりとの出会いに心から感謝しています。クラブハウスという枠を超えて、リアルに会って、つながる機会も増えました。私にとってはそんな歩みが宝物です。

コロナ禍で仕事がまったく立ち行かなくなり、どうしようかと悩んでいた時期に、同じように悩んでいる人たちに出会えたことは、何より心強く、何よりの励みになりました。そして、クラブハウスで語られる皆さんの話で、今にも枯れてしまいそうだった「勇気の種」に水が撒かれ、肥料も行き渡り、おかげで芽を出し、葉が出て、ぐんぐん伸びて、花を咲かせることができました。

その花はまだまだ小さな花ですが、今度は私がみんなを元気にしたいという花です。その花を大きく咲かせることで、勇気や笑顔を届けることができたら幸せです。花の色も形

もさまざまですが、歌にもあるように私たちも「世界にひとつだけの花」です。

一人一人が輝ける、あたたかいつながりのきっかけとして、クラブハウスが活用されたらいいなと思っています。

第3章
クラブハウスで実現したステキな出会い

好きな人や好きなこと、好きなものと深くつながる秘訣は、こうだったらいいなと鮮やかにイメージすることだと思っています。自分だけでなく関わるすべての人が嬉しそうに笑っている様子を思い描くのです。すると、まるで導かれるようにいいタイミングで出会い、つながって、いい方向へと実現していきます。

たとえば、私は2022年7月から出雲観光大使を務めていますが、大好きな地域の観光大使になれたことはうれしいギフトでした。10年ほど前から島根県には仕事で足を運んでいて、特に出雲市は風光明媚で人があたたかく、私にとって心が落ち着く大好きな場所でした。そのため、いつか地域活性化に貢献したいと思っていました。その純粋な思いが実りました。

思い返すと、きっかけは携帯電話の電池が切れたことです。充電できる場所を求めて、ひと休みしようと出雲大社近くのカフェに立ち寄ったことで、思いがけず出雲の方々と深くつながるご縁をいただきました。いつでもどこでも出雲好きを公言していたら、ある方が親切に地域とのパイプ役を務めてくださり、あれよあれよという間に出雲市から観光大使のお話をいただいたのです。始まりは携帯電話の電池切れという窮地でしたが、禍を転じて福となす。出雲大社の懐で縁結びの神さまに導かれたような気がしています。

ここからは、私がクラブハウスで出会った、素敵な人たちとのエピソードをお話します。人は限られた社会の中で生きています。家庭や職場、地域などコミュニティーだけで関わっています。積極的に接点を持とうとしなければ、一生会わないままの人がほとんどです。

クラブハウスは出会いの社交場です。私自身、コロナ禍でクラブハウスがなければ、恐らく接点を持つことがなかった人が多いと思います。クラブハウスのおかげで多くの人たちに出会うことができました。仕事で大成功している人もいれば、借金を抱え失業中の人もいます。そして、体が資本の私たちですが、健康な人もいれば、今まさに病気と闘っている人もいます。

その人たちの生き方、考え方に触れることで、私の人生が大きく動き出しました。それは私だけではなく、参加したほとんどの人が影響を受けているようです。

そんな様子を、私は感動しながらそっと見守ってきました。ぜひあなたにも一緒に体験していただければ、うれしいです。ここからはあなたのナビゲーターとして話していきますね。

(1) がんと闘うギタリスト　中村敦さん

クラブハウスは「声」の配信であると同時に、「音」が主役の世界なので、音楽家の人の活躍の場も広がっています。ピアニスト、ギタリスト、ウクレレ奏者、シンガーソングライター、ジャズ歌手など「開運☆北原照久のTeru's Bar」（以下、「テルズバー」）を訪れる音楽家はプロからアマチュアまで幅広くいます。そのため、毎晩、楽しい時間があっという間に過ぎていきます。

そんな「テルズバー」の常連の一人、横浜在住の中村敦《なかむらあつし》さんは、とにかく、明るい人でした。いつも明るくてユーモアたっぷりなので、周囲の人も巻き込んで自然に笑顔にしました。なんと、がんを8回乗り越えた鉄人です。肺がん、脳腫瘍など、その度に苦しい経験をしてきました。

最初は２０１４年4月に手術不可能と言われたステージ３ａ肺腺がんの告知を受けました。２０１５年に肺腺がん再発と、肺から右小脳に転移した脳腫瘍を発症します。同じ部位に再発し再び開頭手術、初期の大腸がん、ステージ4の食道がん、４回目の脳腫瘍を前向きに乗り越えてきました。

中村さんは、再発した脳腫瘍の再摘出手術成功後に、世界的コレクターである北原照久さんからプレゼントしてもらったお宝エレキギターのおかげで、奇跡的に回復しました。

中村さんの口から語られた言葉で感動したものがあります。

「僕はがんを経験してきて、脳腫瘍が見つかった時はさすがに『もうだめだ』と思うような瞬間がありました。脳、ですからね。落ち込みましたし、ひょっとしたら、もう目を覚まさないかも、と覚悟しました。非常に厳しい手術だったんです。そしたら、その時、北原照久さんが『あっちゃん、僕のギターをお守りに持っていいよ』と、北原さんにとって宝物のエレキギターを差し出してくれたんです。うれしかったですね。絶対に戻ってこよう。戻ってこなくちゃ。と思いました」

この話を聞きながら、込み上げるものがありました。人はだれかのやさしさに触れた時、思いも寄らないような力を発揮します。自分の宝物を差し出した北原さんのこの言葉は中村さんにとって、何より勇気づけるものになったと思います。

どんな時も前向きに乗り越え、家族や仲間たちの愛情を力に変えてきました。常に子ども時代から一緒だった、趣味のエレキギターを弾くことが何よりの元気の源になっています。

中村さんは「ザ・ベンチャーズ」の音楽に出会ったのがきっかけで、10歳の時からギターを弾き始めました。10歳からベンチャーズ一筋、なんてかっこいいと思いませんか。

根っからのベンチャーズファンの中村さんは、どんな曲もたちまちリズムに乗って弾いてみせます。それもそのはず、YAMAHAやNHK-FMなどのバンドコンテストにも出場し、3度グランプリを受賞した実力の持ち主です。ヤマハ大人の音楽レッスンの広告にも出演しました。だから、クラブハウスの演奏でも、これまで何度もリズミカルなギターの音色を響かせてきました。

中村さんは、自分のバンド「BEAT POPS」が2021年12月に結成30周年を迎えました。コロナ禍で思うように活動できませんが、オンラインでつながって、それぞれに練習を積んできたので、2022年10月1日は東京都内のライブ会場を借りて、実際にステージに立ちました。その名も「ぽん活音楽祭2022」。ライトを浴びた中村さんはまさにスターそのものでした。

クラブハウスで結成したユニットは、がん発症の合計が3人合わせて20回を超える不死身ユニットです。その名も「zombie all stars（ゾンビ　オールスター）」。クラブハウスで火がついて、ＦＭラジオでアルバムが取り上げられ、放送もされました。

中村さんはギター弾きとしてこの世に生きた証を残すために、オリジナルサーフミュージック「Surf Stars Beat」をiTunesなどで配信中です。闘病中でも弱音を吐かず、ギターをかき鳴らし、ユーモアたっぷりのジョークで笑わせてくれました。

自分の経験をもとに、病気になった人の相談にも乗り、クラブハウスでつながった人に病気との向き合い方を伝えてくれた人です。

中村さんは笑って言いました。「ギターと音楽が助けてくれた命だと思っているので、落ち込んだ人に元気をあげたいと思っています」。苦しいことを乗り越えた人の言葉はやさしさに包まれています。天国に旅立つ日まで周囲に明るさを振りまいた中村さん。いまも思い出がずっと心の中に生きつづけます。

(2) 夢を叶え、鎌倉に博物館をつくった男　土橋正臣さん

人には大なり小なり、夢がありますよね。いつかはその夢を実現させたい。大きく花開き自己実現したいと、願いながら生きているのではないでしょうか。それは年齢に関係なく、きっと死ぬまで追い求める人もいるでしょう。ですが、ひょっとしたら、もう◯歳だからと、すでに無理だと諦めてしまった人もいるかもしれません。

人生１００年時代です。夢を諦めるのはまだ早い。私は教壇に立つ際に学生や子どもたちによく伝える言葉があります。

「夢がありますか。それはどんな夢ですか。夢はきっと叶います。そして、何かを始めるのに遅いなんてありません。気付いた今がベストです。夢に向かって、今すぐスタートしましょう」

と熱く語っています。

あなたがいくつであっても、どこで何をしている人でも、もう手遅れ、ということはほとんどないのです。最近のアメリカのハーバード大学の研究で、脳科学についての驚くべき結果が発表されました。年齢を重ねても脳は衰えない。むしろ、年齢を重ねている方が熟達する部分もあるということでした。いい意味で、もう年齢を言い訳にできなくなりました。

夢を持ち続けていれば、いつかチャンスは巡ってきて実現すると思わせてくれる人がいます。横浜在住の土橋正臣《どばしまさおみ》さんです。英国アンティーク博物館「BAM鎌倉」（以下BAM鎌倉）館長で、鎌倉アンティークス代表。鎌倉でFMラジオの番組を持つパーソナリティーでもあります。鍛え抜かれた肉体と精神力は、空手の代表師範という裏付けがあり折り紙つきです。

土橋さんは自他ともに認めるイギリス好きで、30年以上にわたる英国アンティークのコレクターです。20代でイギリスを初めて訪問して、ジェントルマンズクラブに足を踏み入れてからすっかりイギリス文化の虜になりました。英国紳士の暮らしぶりや持ち物、考え方、すべてに影響を受けました。

製作から100年以上経った古いものをアンティークと呼びますが、イギリスでは古いものを大切にする文化があり、アンティークが至る所にあります。親から子へ、子から孫へと愛着を持って、引き継いでいく文化。古いものを大切にして、古いものに囲まれながら生活する。そんなイギリスのアンティークに惹かれ、帰国して働き始めてからも、趣味でアンティークの輸入を始めます。

土橋さん自身は神奈川県に複数の薬局を経営するオーナーで、薬剤師の資格も持っていますが、大きな夢はイギリスで見たシャーロックホーム博物館をつくることでした。

もともとコレクションするのが好きで、『開運！なんでも鑑定団』の北原照久さんに強い憧れを持っていました。ある日の夜、偶然引き合わせてもらい、会った瞬間に思わず号泣してしまいます。会えないと思っていた雲の上の存在の世界的コレクターに会えた瞬間でした。

そこから土橋さんの人生が大きく変わっていきました。１９８６年にブリキのおもちゃ博物館を建てた北原さんのように、単なるコレクターの一人から誰もが認めるその道の第一人者になろうと決めました。

そこで、北原さんをメンターとして、「ＴＴＰ」（徹底的にパクること）を決意したのです。ＴＴＰはビジネス用語になるくらい一般的な言葉ですが、クラブハウス内、特に「テルズバー」では、ＴＴＰというと、まさに土橋さんの代名詞のような捉えられ方で、親しまれています。それほど、クラブハウスでの会話の中でもＴＴＰが面白いように出てくるのです。

話をもとに戻しますが、土橋さんは北原さんに出会ってからというもの、完璧なＴＴＰ

を目指しました。つまり、徹底的にパクり、完璧に真似をするために、北原さんにこまめに連絡を取り、1日のスケジュールを把握するために、24時間体制で北原さん用のカレンダーを持ち歩いて、できる限り北原さんに会いに行きました。講演のたびに会場に率先して足を運んでは、講演を聞いてメモを取り、その日のうちに感想をまとめ、北原さんに感想文を毎回送っていました。

持ち物も、一つ一つ、同じものを揃えていったのですから驚きます。靴は英国製のジョン・ロブやチャーチという高級ブランドを、車はナンバープレートを北原さんと同じいい博物館という語呂合わせで「1189」に統一しました。形から入って、気持ちを高めていったと言います。

そして、2022年9月。大河ドラマ「鎌倉殿の13人」で湧く、伝統が息づく鎌倉の地に見事、BAM鎌倉をオープンさせました。建築デザインは、なんとあの世界的建築家、隈研吾さんです。

英国でのアンティーク買付の時にさまざまな博物館を訪れていた土橋さんは、英国スコットランドの「ヴィクトリア&アルバート博物館ダンディ」は隈研吾氏の作品であることを知ったのです。スコットランドの崖をイメージしたデザインに衝撃を受けました。

隈研吾《くまけんご》さんしかいないと思い込んだ土橋さんは、一通の手紙を書きます。まさにラブレターのような情熱で「物を引き継ぎ、人を引き継ぐ、小さな博物館を鎌倉に建てたい」と熱い思いをしたためました。

鎌倉の高校を出た隈研吾さんの第2のふるさと鎌倉への思いも重なり、その手紙を読んだ隅さんの心を動かしたのです。

BAM鎌倉は、2022年9月23日に完成しました。鶴岡八幡宮から徒歩1分、段葛の道沿いにある、その博物館は古き良きイギリスのアンティークと日本が融合した、他に類のない特別な場所です。

いつかはイギリスのアンティークが美しく飾られた博物館を、と思いながら、いちどはイギリスに家を買い、イギリスに住む計画も立てました。契約の一歩手前まで行った土橋さんが、その直前で北原さんにばったり出会い「念ずれば、花ひらくよ。博物館をつくったらいいよ」と背中を押されたことで、大きな力が働いて、理想の土地に出会い、理想のチームができ、まさに思い描いた通りの博物館を完成させたのです。

私たちは、その過程をクラブハウスを通して毎日聞いていました。土橋さんは仕事をしながら夢に向かってまっしぐら、なんて行動力のある人だろう、苦労を厭わず有言実行の人だと思いました。まるでドラマを見ているようで夢中になって日々の進捗を聞くのが楽しみになっていました。きっと、それはリスナーの大半がそうだったと思います。

北原さんがやさしく、親しみを込めて、「まあーくん」と呼びかけると、自信に満ちた、独特の低音ボイスが響いてきます。

「兄貴ぃ、福ちゃん、岩田さん、こんばんは」

土橋さんの人生ドラマを毎晩クラブハウスで聞いて、驚いたり、学んだり、笑ったり、感動したり、私たちの心も大きく動かされていっています。土橋さんのために見えない力が動いているような錯覚に陥ります。

10年の歳月をかけて土地を探し求めて諦めかけていた時に北原さんと出会ったのです。まさに、天使がほほ笑んだ瞬間と言えるかもしれません。そこからはとても順調に滑り出しました。

何より、夢はいくつになっても叶うということ。本気で想い続ければ、想像以上の出来事が目の前で起こり、引き寄せられていくんだということ。大きな夢を持って生きることの大切さ、さらにその夢を叶えた先にはまた別の大きな夢が現れること。立ち止まらず、そこに向かって歩き始める覚悟さえも、今、一緒に感じています。

人は応援し、応援されることで、自分も成長していきます。そして、自分自身も応援される立場になって、みんなに夢を見させることができます。この世の中は循環していくように思うのです。

(3) 開運納豆をつくった納豆職人　菊池啓司さん

あなたが好きな食べ物はなんでしょうか。私は、子どもの頃からずっと好きな食べ物のひとつが、納豆です。かつおぶしを入れたり、卵を入れたりして、納豆たれをかけて食べるのが好きです。

今では発酵食品として人気の食材ですが、匂いが強いので好き嫌いが分かれる食品ですよね。納豆を嫌いな人に理由を聞くと「においが苦手」「ねばねばとした食感が嫌」「糸を引く感じが食べづらくて好きじゃない」といいます。それも分からないではないのですが、私は子どもの頃からほぼ毎日、納豆を食べ続けてきました。

体にいいと無条件で思える食べ物です。文字通り、朝から晩まで、お腹が空いた時にも、おやつとして納豆を食べるくらい好きでした。もともと健康志向の両親のもとで育ったのですが、納豆に関してはだれより食べていました。低カロリーで高タンパクな食品なので、体にいいと実感しながら食べ続けています。

年齢を重ねた今もよく食べますが、もっと若い20代、30代のダイエット中でも、納豆はどれだけ食べても太らないからと、毎日欠かさず食べていました。低価格で、手軽に食べられて、栄養価の高い、納豆。本当に日本が生んだ伝統食です。私の納豆好きについてはここまでにしますが、それくらい納豆好きなんです。

そして、2020年7月10日、納豆の日に、あるFacebookの投稿が目に止まりました。アマチュア・フルート奏者の田原重雄《たわらしげお》さんが本場、茨城の納豆を紹介していたのです。菊水食品の納豆です。スーパーで売っている納豆とどれほど違うのか、食べ比べしたいと思いました。早速、その投稿がきっかけで、お取り寄せしたのです。

すると、届いてすぐびっくりしました。私の顔写真付きの納豆パックが入っているではありませんか。すぐに、納豆を送ってくださった菊水食品に連絡しました。社長の菊池啓《きくちけい》司《じ》さんが電話に出て「いやー喜んでくれるかなと思って、勝手なことをしました。Facebookの写真を拝借して、納豆パックに使わせていただきました」と、笑って言うのです。

まさにサプライズプレゼント。その心遣いにびっくり。うれしかったです。そして、食べてびっくり。豆が一粒一粒しっかりしておいしいのです。添加物を加えず、こだわりの製法でつくった納豆です。種類も多く、緑豆や黒豆、柔らかいものから硬めのものまで豊富。

おいしい納豆だと、私も早速Facebookで紹介しました。納豆職人さんとの出会いはそんな感じでした。それから、ときどき、Facebookでのやり取りが続きました。すでにコロナ禍に入っていましたが、その半年後にクラブハウスが始まったのです。

菊池さんにも「よかったらクラブハウスで話しませんか」とお声をかけてみました。好奇心旺盛な菊池さんはすぐにクラブハウスを始めました。日課のようにクラブハウス三昧。

私がモデレーターを務める「テルズバー」にも毎日通ってくれました。納豆のつくりかたや豆の選び方、新しい納豆の開発など、独特の茨城弁で興味深く面白い話をしてくれました。ついには、納豆を語る「納豆部屋」までご自身でつくってしまいました。それは今も週に1回配信中です。

ある日、「テルズバー」でせっかくだから、「開運」という名前をつけた納豆をつくったらどうかという話が持ち上がりました。みな、面白がって、日本一の納豆職人さんがつくる新しい納豆を応援しようと、どんどんアイディアが膨らんでいきました。

『開運！なんでも鑑定団』でおなじみの、北原照久さんの顔写真をパッケージに貼って、「開運」をアピールしてはどうか。名前も「開運納豆」にしよう。「その文字はぜひクラブハウスで知り合った書道家の心鈴さんに書いてもらおう」と、アイディアはたちまち、形になりました。

そして、限定1000個で売り出しました。あっという間に完売でした。ネーミングの良さと、豆にこだわった本物のうまさ。まさにクラブハウスで生まれた商品です。そのアイディアが生まれた時から立ち会い、応援できたことは、納豆大好きの私にとっても嬉しい出来事でした。

納豆職人の菊池さんは、その後、萩本欽一さんとクラブハウスで再会し、「茨城はご縁があるから納豆を応援するよ」と茨城ふるさと応援セットを提案されて購入と宣伝をしてもらったり、テレビや雑誌に取材されたり、まさしく飛ぶ鳥を落とす勢いで活動しています。気さくなお人柄で、すぐに誰とでも仲良くなるため、誰もが応援したくなる人です。

もしクラブハウスがなければ、こんなに広まっていなかったかもしれません。人のつながりは不思議なものです。声を聞いて、話せば話すほど、その人のことを知ることができ、つながりが深くなっていきます。毎晩のクラブハウスは絆を深める最高のツールになりました。

(4) クラブハウスはライブハウス!? 3人のシンガー

歌は癒しそのものです。悲しい時、苦しい時、辛い時に慰めてくれます。そして、うれしい気持ちを最大限に表現することもできます。

歌を聴くと、一瞬で思い出のなかの自分が蘇ったり、青春時代にタイムスリップしたりします。歌はそれほど、人生に直結していると言えるのではないでしょうか。

クラブハウスのなかで「話す」ことと並んで「歌うこと」は、人とつながる大きな要素になっています。歌う人は注目され、ファンをつくってきました。音声配信のメリットさながら、お互いにパジャマだろうと、ノーメイクだろうと、シンガーは好きな歌を歌い、リスナーはBGMとして目を閉じて歌にひたったり、家事をしながらリズムに合わせて踊ったり、思い思いの時間が流れます。ラジオのように楽しめるのです。

ここでは、歌うことでみんなを笑顔にしてきた、テルズバーのシンガーをご紹介します。クラブハウスにはたくさんのシンガーがいて、それぞれ個性的です。できれば全員ご紹介したいのですが、テルズバーのはじまりの頃からよく通ってくれている、縁の深い3人のシンガーを紹介します。

この3人の歌への情熱や生き方が、あなたの夢実現に近づくヒントになればと思っています。前述の中村敦さんのようにギタリストとして活躍することで、人も自分も元気にする人がいます。ここからご紹介するのは歌声で人を楽しませ、慰め、癒す人たちです。

400人が集まるステージで歌った、ヴォーカルのリョウコさん

まず、1人目は2022年4月7日、北原照久さんのバースデーライブで、豪華ゲスト陣に混じってステージに立った、ヴォーカルの菅涼子《かんりょうこ》さんです。

クラブハウスではリョウコさんという愛称で呼ばれています。ふらりと「テルズバー」に入ってきたリョウコさんですが、意志のある話し方、低音ボイスが凛とした印象です。

愛媛県出身のリョウコさんは3歳でピアノを始め、11歳でフルートと声楽を始めました。音楽大学をフルートで卒業したあと、ヴォーカル、ゴスペル、フルート講師として活動していました。

そんななか、たまたま誘われたクラブでジャズに出会ったのです。ジャズやポップスをはじめ、あらゆるジャンルを超え、ジャンルを超えた演奏スタイルが特徴です。テルズバーでは、「フライミー・トゥ・ザ・ムーン」や「マイウェイ」「ムーン・リバー」「枯葉」などの名曲を気軽に歌ってくれます。その歌で過去や映画のシーンが蘇るのです。一瞬、ロマンティックな気分に誘われます。

およそ400人が集まった会場（ザ・プリンスパークタワー東京のボールルーム）で深みのある独特の歌声が響きました。リョウコさんは歌のうまさが群を抜いていて、クラブハウスではいつもアカペラで歌います。ジャズのナンバーが多く、時に歌謡曲や童謡も交えて、皆をうっとりさせます。

リョウコさんの歌声やリズムに私たちは引き込まれて、夢中で聞き入っていました。会話のあとで、きまって北原さんが

「リョウコさん、何か歌ってくれますか」

と言うたびに、集まっているリスナーはもちろん私もわくわくして待ちます。

「はい、もちろん。では、タンゴを一曲。『ポル・ウナ・カベサ』なんていかがでしょうか」

「ああ、いい曲だよね。映画の『セント・オブ・ウーマン〜夢の香り〜』でアル・パチーノと若い女優さんが踊ったタンゴだね。おしゃれな曲だよね」

「はい、おしゃれですよね。では、聞いてください、『ポル・ウナ・カベサ』」とプロらしく、堂々と歌い始めるのです。

そんなリョウコさん。実はコロナ禍でステージに立つ機会を失い、失意のどん底だったと言います。なんとなく始めてみたクラブハウスが、まさかの開運のきっかけとなり、ラジオ日本『きのうの続きのつづき』に出演したり、北原さんのバースデーライブでステージに立ったり、歌う機会につながりました。クラブハウスで歌う希望が持てて、新たに活

動の幅も広がったとうれしそうに話してくれました。ライブハウスで歌うリョウコさんの生の歌声を聞きにいくのが楽しみです。

定年退職し、弾き語りシンガーになった、しょうじゅんさん

2人目は、会社を定年退職し、第2の人生をスタートさせた、大阪在住のしょうじゅんさんです。クラブハウスを始めたことでだれかに自分の歌を聞いてもらう場ができました。まさに、アコースティックギターを弾きながら、長渕剛さんの歌を中心に昭和歌謡を歌うアマチュアシンガーです。しょうじゅんさんは念願の弾き語りシンガーになって「今がいちばん幸せです。いやークラブハウスに感謝です」とよく話しています。

コロナ禍で毎日、朝も昼も晩もクラブハウスで歌います。レパートリーも幅広く、いちばんよく歌うのはファン歴の長い長渕剛さんの歌。ほかに松山千春さんや玉置浩二さん、サザンオールスターズ、Mr.Childrenなどの歌を歌いながら、路上ライブをしてみたり、ライブ会場で歌ったり、活動の幅を広げています。その歌声はあたたかく、どこか懐かし

い感じのする歌にぴったりです。

しょうじゅんさんは「テルズバー」が始まってしばらくしてＢＧＭを担当し、オープニングとエンディングの歌を歌ってくれました。ピアノを奏でるＭａｍｉさんと交替するまで、４ヶ月の間、毎日共に過ごしてくれたことにとても感謝しています。

今もよくテルズバーに参加して、あたたかい歌声を響かせてくれます。しょうじゅんさんからは歌が好き、という思いがあふれてきて、あたたかい気持ちになるのです。人は好きなことに熱中している時間がいちばん幸せなのかもしれません。

テルズバー常連メンバーの取り計らいで、横浜山手のブリキのおもちゃ博物館でお会いした時はみな満面の笑顔になりました。サプライズ大成功。会うのははじめてなのにクラブハウスで話してお互いのことをすでに知っているので、やっと会えたと不思議な気持ちになりました。声だけでつながっていたものの、毎日雑談を重ねてきたことはお互いを親密な糸でつなぎ合わせていたのです。

ところで、しょうじゅんさんがカバーしている歌手の長渕剛さんは、私の出身地、鹿児島のヒーローです。伝説となった桜島でのオールナイトライブは構想から2年の歳月を経て、2004年8月21日に開催されました。9時間に及ぶライブで42曲が披露されました。人口6000人の小さな島に、7万5千人のファンが一夜にして結集しました。なんと島の人口の13倍もの人が訪れ、火の島、桜島が熱く燃えた一日。警察官600人、警備員1000人以上が動員されたということで8万人近い人が訪れていたと推測されます。熱狂的なライブは、今も熱く語られています。

しょうじゅんさんは、そんな長渕剛さんに憧れ続け、歌への情熱を燃やし、2021年夏には初ライブを成功させ、それ以降も定期的にライブハウスで歌を歌い、リアルライブを成功させています。ライブの後は、かなり盛り上がったとクラブハウスでうれしそうに報告してくれます。観客のほとんどがクラブハウスで知り合った人たちです。

しょうじゅんさんは私たちに定年後の生き方を示してくれたとも思っています。シニア世代の星とも言える、夢を形にした生き方から学ぶことは多く、今も毎日のようにクラブハウスやライブ会場で精力的に活動しています。「願い、思い続ければ、いつか夢は実現する」ということを教えてくれた一人です。

教師を続けながら週末シンガーソングライター　ShinKさん

3人目は中学教師で、週末はシンガーソングライターとして活動している、岐阜県在住の田村健《たむらけん》さん。クラブハウスやTwitterなどSNSではShinK（シンケイ）と名乗って発信しているので、ここからはシンケイさんとご紹介していきます。

とにかく爽やかで力強い歌声で、癒されます。シンケイさんとはクラブハウスだけでなく、別の音声配信メディア「スタンドFM」でも一緒に、毎週金曜夜10時から弾き語りトークライブを開いています。アマチュアシンガー・カブ監督として親しまれている東京都在住の中谷正宏《なかたにまさひろ》さんもレギュラーゲストとして加わっています。おふたりは歌声にも話し方にも、人柄がにじみ出ていて、その歌声を聴くのが週末の楽しみのひとつです。

シンケイさんとの出会いはしょうじゅんさんがテルズバーに連れてきたことがきっかけです。「歌が上手いので連れてきました」とご紹介されたと記憶しています。はじめて聞いたシンケイさんの歌声が衝撃的で、そのあと何度か歌を聞いて「一緒にスタンドＦＭで音楽番組をしませんか」と声をかけました。

とにかくシンケイさんの歌声がさわやかで、イメージしていた音楽配信にぴったりだったからです。すると、シンケイさんの返事も快く二つ返事だったので、声をかけてから日にちが経たないうちに、大して打ち合わせもしないまま、数日後にスタエフで配信をスタートしていました。

それが２０２１年の６月23日です。第一回の放送が今も、スタンドＦＭのアーカイブに残っていますが、１年半経って聞き返すと、とても初々しい感じがします。興味のある人はぜひ聞いてみてください。今とはまた違う感じで、それも楽しいのですが、まるで、はじめまして、というお互い少し、緊張感がある雰囲気の放送です。

番組名はスタンドＦＭで続けている別の番組「Kei&Sally気ままなトークライブ」にち

なんで、「Kei&ShinK弾き語りトークライブ」と名付けました。1年以上、毎週金曜夜9時から90分配信していましたが、テルズバーの改編を機にスタンドFMも改編し、金曜夜10時からの30分番組で配信中です。

スタートから毎週欠かさず配信するようになって、すでに130回を越えています。時には仕事の帰りに、にぎやかな駅のホームから番組をスタートさせ、時には帰りのタクシーの中から、時には出張先のホテルからと、どんな時でも休まずに、時間を確保して配信を続けてきました。電波の調子が悪かったり、途中で配信がプツッと途切れてしまったり、アーカイブに残すつもりが削除してしまったり、とハプニングもいろいろありました。

なんといっても自分で話して、歌って、配信するので、コラボしている間にハウリングを起こしたり、雑音が入ったり、声や歌が変になる現象をひきおこしたり（冗談で宇宙人現象と呼んでいます）ということもあります。そんなハプニングさえ楽しみながら、配信しています。最近はずいぶん改善されてきたので、聞き苦しさは軽減してホッとしています。

そんなシンケイさんやカブ監督とのやりとりは心地良くて、まるでよく知っている友人との会話のようです。1週間に1度、週末に話すのが習慣になって、日々の出来事や変化を素直に話すことができる友人です。テルズバーにも節目に参加していただき、私の誕生日にはオリジナル・バースデーソングも歌ってくれました。祝福を受けるのはいくつになっても嬉しいものですね。

面白いのは、2年半、毎週声でつながっているシンケイさんですが、お会いしたのは一度きりです。最初はシンケイさんの配信用のプロフィール写真が手書きの漫画だったので、分からないことだらけでした。最近は横顔の実物写真に変えて、そのあたたかい人柄が伝わってきます。

週に一度、東京と岐阜とで声でつながって、四季を通じて交わす会話に、それぞれの仕事や地域性がにじみ出て「声だけでつながるのも特別で楽しい」と昭和の文通相手のような感覚で楽しんでいます。いつかリアルライブを計画して、実際にリスナーを招く日が楽しみです。

歌う人の声の温もりとやさしさに包まれる、音声配信ならではの良さ。歌が好きな人にぜひ体験してもらえたら世界が広がるのではと思っています。

(5)「テルズバー」の愉快な仲間たち　岩田一直さん、Mamiさん

3年以上クラブハウスの夜の交流部屋として知られる「開運☆北原照久のTeru's Bar」（以下テルズバー）。発起人は実業家の岩田一直《いわたかずなお》さんです。北原さんと私に呼びかけて、番組の形が整いました。当初のオープニングテーマはカランコロンという氷の音、ダンダンドゥビ、ドゥービ、ドゥバという出だしで始まる「夜が来る」です。

その曲に合わせ、「きょうも1日ご苦労さま、あなたのきょうはどんな日でしたか。お休み前のこのひと時、僕の話であしたの元気につながればうれしいです。ことば一つで未来と自分は変えられる。明日もあなたにとって、良い日となりますように。北原照久のテルズバー、オープンです」と、毎回、北原さんのことばでスタートしていました。

3人で2021年2月3日から2022年7月31日まで年中無休で続けてきました。ちょうど1年半、無休の体制を続けたあと、土日祝日は休みにしようと決まり、2022年8月1日からは平日配信に切り替えて、現在に至ります。継続している時は気づかなかったのですが、実は1年半もの間、お酒はほとんどの飲まず、疲れに任せて、ふっと寝落ちすることもなく、まるで歯磨きや洗顔のように、習慣として定着していました。

まったく疲れ知らずで、とても楽しく交流してきたので、実は土日を休みにしようという提案はとても残念に思いました。これからも無休でずっと続けていけるのにと思いながら、最初の2、3週間は寂しく感じました。それもそのはずです。雨の日も風の日も、寒い日も暑い日も毎日聞いていた声を突然ぱたっと聞けなくなってしまったのですから。

ところが、です。1ヶ月経って気付いたのは、気持ちに余裕が生まれて、時間にもゆとりが生まれて、心からリフレッシュする感覚になりました。走り続けてきたランナーにも休養は必要なのと同じで、私たちクラブハウスで話し続けてきたテルズバーの3人にも休みは必要でした。休みを確保したことで、私は土日祝日はクラブハウス自体のスイッチを切って、それまで休日の習慣だった温泉やエステ、マッサージを復活させました。おかげで心身ともに伸びやかにリラックスすることができました。

朝、目覚めの時間もひとり時間として大切にしているのですが、私にとっては夜、眠る前の時間も、大切な振り返りと感謝を深める時間なので、休日にはそれをしっかり楽しむようになりました。それをきっかけに日記をつけるようになりました。変化させることの意義を感じました。変化の先にはいいことが待っています。テルズバーの土日祝日休みの決断、変化のおかげで、とても楽になり、しっかり休日を楽しむことができるようになりました。

最近はオープニングとエンディングのあいさつも形式ばらずに、「こんばんは」と自然に始まり、「おやすみなさい」で自然に終わるようになっています。時間も午前1時近くまで配信していたものを、改編と同時に0時ぴったりに終わるようなスタイルになりました。話し足りない、という意見や、元々のスタイルが良かったという変化を残念がる声もありましたが、そのスタイルも定着してきました。


ところで、番組モデレーターを呼びかけた発起人の岩田さんですが、周囲をよく見回し、頭の回転の早い人です。北原さんとは同じ本郷高校の出身で、よく先輩後輩の間柄で、コミカルなやりとりをするのも、なんとも軽快で楽しめます。

「岩田くん、君は本郷高校の後輩だよな」

いたずらっぽく話す北原さんが、少年ぽくてユニークです。

「はい、後輩なんで、どこまでもついて行きますよ」

と笑いながらも真剣に答える岩田さん。


北原さんのことが好きで好きでたまらない、という感じがことばの端々から感じられます。何があっても、何を言われても、北原さんを100パーセント肯定して、信じる姿、それほど助けられ、心の拠り所としてきたのだと思います。岩田さんにとって先輩であり、人生の師匠でもある北原さん。いつも北原さんを褒めることば、武勇伝、どれだけ素晴らしいかという話が次から次に止まらないのですから、聞いていてその徹底ぶりは気持ちがいいほどです。

後輩にここまで好かれる北原さんですが、テルズバーで一緒に話をしてきて、私も心から尊敬しています。長い付き合いであろうと、出会ったばかりだろうと分け隔てなく、声をかけ、笑いかけ、些細な話にも耳を傾けます。これまでも多くの人に愛情をかけてきたことが分かります。例えば、横柄な態度の人にも、否定的な言動の人にも、内輪の自慢話やとんでもない話にさえ、決して冷やかしたり、けなしたりしません。笑って答え、北原さんはあたたかいレシーブを返します。それが相手の心にスッと届きます。聞いているこちらまで思わずホッと、心が和むのです。

この北原さんの聞き方、話し方は、この3年毎日一緒に番組を持っている身としては、何よりの学びになりました。ことばの使い方、切り返し方、たしなめ方、諭し方、励まし方、喜ばせ方、褒め方など、どれだけここに並べても筆が追いつかないほど、深く温かいものです。北原さんの在り方が、この3年で私のコミュニケーションの根幹になったとさえ言えるかもしれません。それほど、寝ても覚めても、北原さんからの教えが深く染み渡っています。

さて、テルズバーにはピアノ演奏を担当する、大切なレギュラーメンバーがいます。それが、静岡在住の鈴木眞美さん、通称Ｍａｍｉさん（以下マミさん）です。素晴らしいピアノ演奏で心を弾ませ、慰めてくれます。ピアノは趣味だと言いながら、ピアニスト顔負けの腕前でテルズバーのみんなを魅了しています。私はいつのころからか、北原さんや岩田さん、皆さんとの会話はもちろん、このマミさんのピアノがとても楽しみになりました。今夜はどんな演奏を聞かせてくれるだろうか、と番組が始まる前から想像してわくわくしていることに気づきました。それほど、重要なポジションです。

マミさんの弾くピアノの音色は柔らかく、繊細でありながら、力強いのです。物語を感じるピアノです。私はマミさんが弾くピアノの音色が好きで、録音して何度もリピートして聞いてしまいたいくらい、私に癒しをもたらしています。素晴らしい感性を持っていると思います。だから、人の心を打つピアノが奏でられるのだろうし、それはこれまでの経験さえも投影しているのではと思っています。

クラシックからジャズ、映画音楽、歌謡曲までなんでも弾きこなしますが、特にリストの「ラ・カンパネラ」が素晴らしい。私の一押しですが、細い指で力強く鍵盤を弾くのが想像できるような弾き方です。決してゴツゴツした指や太い指ではない、細く美しい指がまるでダンスを踊るような、可憐な弾き方です。スピード感がありながら、緩急自在で引き込まれていきます。

テルズバーで毎晩演奏していたことで、ピアノの情熱に火がつき、マミさんは２０２２年秋にコンクールにも最年長で出場しました。結果は審査員特別賞を受賞したということです。いつか、リアルテルズバーを開き、マミさんにピアノをたっぷり演奏してもらいたいと思っています。

メインで語りかける北原さんに対し、私はアナウンサーという立場上、「テルズバー」では調整役や仕切りを務めています。ただ、抜けている部分を補って、しっかり支えてくれる岩田さん、ピアノ演奏担当のマミさん、そして、レギュラータレントの山田雅人さんのおかげで、テルズバーは続いていると改めて感謝しています。

第4章

ことばで開運人生

私は一体何者か

遅くなりましたが、ここで私についてお話しします。私は新卒で銀行員になり、その2年後、NHKキャスターになって、それ以来、話すことを生業にしてきました。現在はフリーアナウンサーで、人財育成コンサルタントをしています。

講演や研修で「好感度アップの話し方」や「オンラインで伝わる話し方」「信頼される話し方」などを伝えています。コミュニケーションが苦手だと感じている人の問題解決のお手伝いをしたいというのがいちばんで、この仕事にはとてもやり甲斐を感じています。

もともとは引っ込み思案で、おとなしい性格でした。目立つことが苦手で、人の後ろに隠れていたいという子どもだったので、放課後は3つ年上の兄や兄のお友だちにくっついて、いつも仲間に入れてもらいながら遊んでいました。転機となったのは小学5年生の時です。きっかけは当時の担任の内田新三先生のひとことでした。

始業式の朝、その先生は難しそうな顔をして入ってきました。

「名前を呼ばれたら、大きな声で返事をするように」

と厳しい声で言いました。クラスで出欠をとりながら、だんだん私の順番が近づいてきます。心臓がバクバク音を立てて早くなりました。ついに先生は私の名前を呼びました。

「つぎ、福満景子さん」

その途端、私は心臓が飛び出しそうになるのを必死で堪え、「大きな声で返事をするように」という先生の冒頭の言葉が浮かんで、普段よりも大きな声で

「はい！！！」

と思わず返事をしていました。

すると、その声を聞いて

「おおお、いい返事だ」

と言って、先生は出席簿から顔をあげたかと思うと

「君のことはいちばん最初に覚えたよ。福満景子さんね。はい、いい声だね、いい返事でした」

と、私の席までツカツカと歩いてきて、にっこり笑って手を差し出したのです。力強い握手でした。今もその場面がありありと映像で浮かんでくるくらい鮮明に覚えています。

その瞬間、パチンと何かが弾けたように、私の体は熱くなりました。人はたった一言で、自信を身につけ、変われるものだと実感しました。あの日から私はまるで、それまでの自分を脱ぎ捨てるように徐々に脱皮して、ハキハキと話すようになりました。そんな生まれ変わるような自信が持てるきっかけの言葉を、私も出会う人に贈りたいといつも思いながら登壇し、人と関わっています。

辛い経験が人をやさしくする

高校3年の春。深夜に私は真っ赤な血を吐きました。急性肺結核でした。大学受験に向けて、睡眠時間を削り勉強しつつ、部活に汗を流し、元気いっぱい過ごしていました。まさに「青春」の二文字そのものを謳歌していたのですが、無理がたたったのか、たまたま運が悪かったのか、「結核」の診断は、青天の霹靂でした。

当時、鹿児島では肺結核の集団感染が流行っていて、毎日の地元紙を結核のニュースが騒がせていました。私が使っていた通学のJRにも結核患者が潜伏していたのでは、と主治医に聞かされました。人並みに恋もし、アナウンサーになるという夢を掲げていた私でしたが、一瞬で奈落の底に突き落とされました。生きる価値がないような気持ちになり、日向に出てはいけない、とさえ思えました。一生、ひっそり生きていかなくてはと、そんなふうに思ったのです。

当時の卒業アルバムを見ると、生気のないやつれた顔で写っています。ふっくらしていた、はちきれんばかりの顔や体が急にしぼんでいきました。だから、実は卒業アルバムはもう私の手元には残っていません。引っ越しを何度か重ねたことも処分するきっかけにつながったのかもしれません。

ただ一つ、救いだったのは当時の校長先生や担任の先生、保健の先生などが「チーム福満」のような頼れる存在になってくれたことでした。目に見える形でほかの生徒と特別扱いしないことも有難かったです。いつでも見守り、そっと励まし続けてくれたことが心強く思えました。だから、大袈裟じゃない対応、さりげない目配り、気配りは高校時代の先生から学びました。

「どんなことがあっても、君を守るよ」と、病気発覚直後の校長室で、校長先生が言ってくださった言葉と、その言葉をしっかり頷いて微笑んだ先生たちの姿は今も脳裏に焼き付いています。

古びた校舎の2階に、校長室はありました。その部屋に入ったのはその時が初めてでしたが、少しカビた無機質な匂いがしたことを覚えています。私が扉をギギーっとゆっくり開くと、先生たちが真剣に話しているのが見えました。一瞬で、皆、笑顔になって、立ち上がり出迎えてくれました。付き添いの母も心細かったと思います。私は「あ、敵じゃない」と、味方であることを確信し、安心した瞬間でもありました。

結核は症状の重さで治療が大きく変わってきます。重症の場合、入院が必要です。一般的にはたんの中に菌が出ていると入院しなくてはなりません。私は急性肺結核とは言っても、無菌でした。

朝6時に起きて通学して、勉強と部活に励んだあと、帰宅後30分間、なわとびをしていました。そして、お風呂にはいって夕食を済ませたあと夜中1時過ぎまで受験勉強をしていました。地元の国立大学を目指していました。それにはまだまだ越えなければいけないハードルが高く、私には有り余る体力があると過信していました。

感染力のない状態で大量に吐血したのは、急な頑張りと若さゆえだったようです。初期段階で、病気が分かったことは不幸中の幸いでした。隔離病棟に入院することなく、それまでと変わりなく学校生活を送りました。ただ、肺に負担をかけないように、部活は止めて、体育は見学、前傾姿勢や目を酷使するハードな勉強は禁止となりました。それ以外は普通に過ごせました。

そこで、学校の対応として、みんなに周知することは控えてくれました。

「病気のことは友だちにはだれ一人言ってはいけないよ」という先生の言葉どおり、私は約束を守ってだれにも打ち明けず、ただ単に体調不良という理由で部活をやめ、体育も見学をしました。薬のせいなのか、病気のせいなのか、とにかく眠たくて、学校でもよく眠気が襲ってきました。病気のことを知らない専門教科の先生にはガツンとゲンコツをもらったことがあります。

授業中に居眠り…、叱られても、それは仕方のないことだと諦めていました。その一方で見守って、理解してくれる先生がいる、ということが大きな励ましでした。たったひとりでも味方がいると心強いことを知りました。

普段と変わりなく学校に通えていたものの、病気が発覚して、毎日の病院通いが始まりました。ストレプトマイシンという強力な薬をお尻に注射するためです。若いので進行も早い。だからしっかり、今のうちに病原菌を断つべきだと提案されました。半年くらい、毎日、毎日、学校のあとはチクッと痛い注射が待っていました。でも、そんな時さえ、これくらいで済んで良かったと思う、呑気な自分がいました。

あれから30年経ちましたが、高校時代の結核は私にとって大切な人生のギフトだったと思っています。病気はだれのせいでもないし、責任転嫁できない、自分が闘うべきものです。青春時代に病気を経験したことと、しかも感染する可能性のある病気だったことで、人に打ち明けられない苦しみや、病気そのものの辛さも味わうことができました。おかげで成長し、精神的にも強くなったと思います。

恥ずかしながら、私はよく人から「福ちゃんはどうして、そんなにやさしいの？」と言われますが、それは青春の絶頂期で辛い体験をしたからだと思います。あの経験がなかったら、今の穏やかな私は存在しないと思います。弱者に寄り添い、やさしい気持ちで人とつながりたいと心から思える、謙虚さは持ち合わせていなかったかもしれません。

人は幸せになるために生まれてきました。人はだれもが幸せになれる存在です。だから、もし辛そうな人がいたら、そっと隣にいて寄り添っていたいと思うし、「大丈夫だよ」と声をかけたいのです。大袈裟なことじゃなく、そっと、さりげなく。あれ、気付いたら隣にいた、というくらいの自然な寄り添い方をしたいです。宮沢賢治の「雨ニモマケズ」を1日に何度か口にするのも、できれば、そういう精神で過ごしたいという気持ちからでしょうか。人生に無駄なんてないのですね。

「ピンチはチャンス」

私が毎日クラブハウスで一緒に話している北原照久さんは「ピンチはチャンス。チャンスはピンチの顔をしてやってくる」と言いますが、まさにこのコロナ禍の状況は私にとってピンチでありながら、大きなチャンスになりました。

私が北原さんに出会ったのは、企業研修やイベントが立て続けに中止や延期になり、仕事のない不安定な状態でした。この先の仕事をどうしようかなと迷い、悩んでいた時期です。でも根っからの明るさも手伝って、仲良しの友人とは「遊べるときに遊んで、学べるときに学ぼうね」と本やオンラインイベントの情報交換をよくしていました。

時間だけはたっぷりありました。だから、クラブハウスを始めることができましたし、毎日配信し続けたおかげで、たくさんの人とつながることができました。とにかく笑って過ごしていれば、楽しいことが向こうからやってくるというのは、本当のことです。

私は心理学も好きで、学んでいますが、心のあり方は見た目にも表れ、人とのコミュニケーションにも直結します。明るい人は明るいものを引き寄せ、明るい人たちを引きつけます。反対に暗い気持ちで過ごしていると、ネガティブな情報が集まりやすく、悲観的になっていきます。

ピンチはチャンスという通り、何度も好転するピンチを経験しています。今年に入って、明治神宮で行われた正式なお茶会に遅刻するという大失態がありました。その日は早起きをして、準備万端でした。明治神宮近くの着付け専門店で、着付けと髪型を整え、30分前に明治神宮の鳥居をくぐりました。これだけ余裕を持っているのだから、大丈夫だと余裕しゃくしゃくだったのですが、なんと神宮内で迷い、警備員さんに尋ねても分からず、特別な茶室の入り口が分からず、神宮内を一周して、迷いに迷って遅刻してしまいました。

そして、やっと辿り着いたものの、どうしようかと、茶室の入り口でもじもじしていると、あとから女性2人が入ってきて、「ああ、大遅刻、大遅刻ー」と軽やかに言っているではありませんか。思わず吹き出してしまいました。ですが主催の先生に対して申し訳なくて、「私も、せっかくのお茶会に大遅刻してしまいました」と話しかけると、「あら、一緒に行きましょ。大丈夫よ」と笑って話してくださり、すんなりと中に入ることができたのです。

待っている間にお庭をバックに写真の撮り合いもして、一人では気まずかっただろう、この窮地を脱することができました。明るくて、気さくで、しかも美しい、どなたかな、と思っていたら、タレントでエイジング・スペシャリストの朝倉匠子《あさくらしょうこ》さんでした。そして、なんと、私が司会を務めた北原さんのバースデーパーティーに参加していらっしゃっていました。ピンチが生んだご縁で、今は仲良くさせていただいて、一緒にアフタヌーンティーやイベントを楽しんでいます。人生って不思議です。場所が明治神宮だったこともあり、まるで、朝倉匠子さんに出会わせようとした、神さまのいたずらにも思えています。

そして、遅刻してご迷惑をかけたお茶の先生、笑諒庵の眞壁美枝子《まかべみえこ》さんにも丁重にお詫びして、親しくさせていただいています。あれから、またすぐにお茶会に招かれて楽しい優雅な時間を過ごしました。最初は大遅刻、というピンチでしたが、結果的に大人数のなかで印象深く、知り合うチャンスをいただきました。

どんなピンチさえ、誠実に向き合って、どう振る舞うかという「あり方」を人は常に見ています。取り繕ったり、嘘をついたりはカッコ悪いし、もってのほかです。どんなにあがいても、ダメなものはダメなのです。その時、その場でどういう姿勢で相手に謝るかも大切です。

遅刻は決して褒められたものではありませんが、起こったことは消せない事実なので、誠意を持って謝ることはしっかり伝わります。相手の時間を奪って申し訳ない、という気持ちがあれば、心からの謝罪になりますよね。

ピンチだ！　となった時には、慌てずに深呼吸をして、さあ、これはどんなチャンスにつながるんだろう、というくらい大きく構えたらいいと思うのです。

念ずれば花ひらく

半世紀にわたって約1万篇を超える詩を歌い上げた詩人の坂村真民《しんみん》が「念ずれば花ひらく」という短い詩を残しています。

「念ずれば花ひらく
苦しいとき
母がいつも口にしていた
このことばを
わたしもいつのころからか
となえるようになった
そうしてそのたび
わたしの花が　ふしぎと

ひとつ　ひとつ　ひらいていった

坂村真民」

高校3年生の時に大病を患い、いったんはアナウンサーになる夢を諦めましたが、銀行員を経てアナウンサーになりました。順調な時ほどピンチが訪れます。ですが、その度に運良く人が助け舟を出し、救ってくれました。人に引き上げられることで開運まっしぐらの人生を歩いてきました。ところが、２０２０年。コロナウィルスが世界中を恐怖に陥れました。

もはや、世界中のだれにとっても空前の状況下でした。通常どおりの仕事ができなくなり、外出さえままならない状況に陥りました。２０２０年、年明け早々からのコロナ禍で予定していたイベントや研修などの仕事は中止や延期ばかり。さあ、どうしようかという不安に陥りました。周囲も人と自由に会えない寂しさや慣れないマスク生活、得体の知れない病気への恐怖感、行動や言動が制限されて、人の気持ちは完全に疲れ切っています。

本来、人は誰もがしあわせになりたい。幸せになるために生きています。だから、幸せのふりをして、虚勢を張って生きている人も少なからずいるのではないでしょうか。いかにも幸せそうに見える人でも、実は深い悩みを抱えていたり、どうしようもない悲しみから立ち直れなかったり、夜、眠れないほどのいろんな感情と向き合っていたりするものです。

だれもが皆、100パーセント幸せで、まったく何も悩みや不安や心配がない、という人はいないと思います。眠る前の時間をどう過ごすか、人それぞれですが、もし、眠る前にだれかとつながることで、ふっと心が軽くなったり、笑顔になったり、真っ暗に思えていた明日に一筋でも希望の光が感じられるのだとしたら、嬉しいですよね。

一通の招待状が届く

その一つの道がコロナ禍2年目で「まるで光のように」突然目の前に現れて、パッと開かれて、今の私があります。一体、どういうことかというと、２０２１年1月29日に1通の招待状がオンラインで私のもとに届きました。一体なんだろうと、それをクリックしたことで、あっさり新しい世界が始まります。招待者は仕事現場で数回ご一緒した女性で山口県の萩市在住の坪内知佳さんでした。船団丸ブランドを展開する、株式会社ＧＨＩＢＬＩ代表取締役です。信頼のおける方からの招待だったため、なんの疑いもなく、躊躇もなく、導かれるように扉を開いたわけです。

さて、その招待状とはなんだったかと言いますと、音声配信メディアのclubhouse（クラブハウス）でした。全世界で広がり、日本でも多くの人が参加したメディアです。２０２１年のスタートした当初の爆発的な人気ほどではありませんが、何が何だか分からないまま、始めてみると、そこは見知らぬ人たちが集まる「声でつながる社交場」でした。芸能人や著名人もいれば、政治家、メディア関係者もいて、アスリートや経営者、各界の著者もいました。それぞれ、好きな話題で盛り上がり、意見交換したり、笑い合ったり、まるで今まで経験したことのない興奮を感じました。

いわば、「クラブハウスはホテルのようなもので、それぞれに部屋（ルーム）があり、そのドアは鍵がかかっていない。いつでも自由に入ることができて、いつでもそっと退出できる、自由な空間」とベストセラー作家の本田健さんは、ある日のクラブハウスで話されました。まさに言い得て妙、クラブハウスはそんな感じの気楽なおしゃべりの場です。ただそっと聞いていていてもいいですし、会話に加わりたくなれば挙手をして自分も意見を述べることができます。

声でつながる安心感

　このクラブハウスが流行した理由はいくつか考えられますが、声だけでつながることができる手軽さも大きな理由の一つです。女性にとって、時間のかかる化粧や髪を整える手間をかけずに、ノーメイクでパジャマのまま参加できるのが好条件でした。しかも、実際にあって話すわけではないので、どんなに朝早くても、どんなに夜遅くても、安全が確保できている点も大きいのではないでしょうか。

「声」だけでいいというのは、逆に「声」が最重要だとも言い換えられますが、それを意識している人は意外に少ないようです。みな、服装だけでなく声も普段着のまま、素に近い状態で参加しているように感じました。それが親近感につながり、初対面でも比較的リラックスした会話につながるのだろうと推測します。

とにかく、その自由空間、クラブハウスで、私は一気に人の輪が広がり、ご縁が深まり、開運しました。仕事の幅も増え、人脈も増え、さまざまな立場の老若男女と関わることで、自分自身が豊かになっていくのを日々実感しました。だからこそ、思うのです。この体験は私だけのものにしておくのは勿体ない、と。今からでも遅くありません。登録だけしてみたものの止めてしまった人や、よく分からずにまだ始めていない人は、思い切って声でつながりませんか。家にいながらでも、職場でも、旅先でも、どこでも、あなたの世界を大きく広げてくれます。やり方は簡単です。クラブハウスのアプリをスマートフォンにインストールするだけです。名前など登録したらすぐ始められます（204頁参照）。

場所を選ばず、人を選ばず、無料で人とコミュニケーションが取れる、そのクラブハウスについてご案内してきました。今回、私の場合はクラブハウスですが、他にもいろいろな音声配信メディアがあります。そして、さらに音声アプリの世界はもっと広がっていくと思います。その「声でつながる」ツールを駆使して交流を楽しむことができます。バーチャルな世界はあなたの前に大きく広がっています。

出会いの扉は一斉に開かれていて、あなたが入ってくるのを待っています。実はクラブハウスに出会って運が開けた人がたくさんいます。最愛の人に再会した人、結婚した人、夢を叶えた人、起業した人、台風被害で店頭販売できず出荷できないりんごを完売し収入に変えた人、200人規模の初イベントを成功させた主婦、作詞作曲した自分の歌がラジオで流れた人もいます。

極め付きは、突然、配偶者に先立たれ、残ったのは子どもと1400万円の借金。無職で途方に暮れていた専業主婦は、たまたま参加したクラブハウスで、著名な人たちに出会って、その善意の声かけによって、あっという間にシンデレラガールになりました。

その彼女は自分の力で起業し、借金を返し、出版を果たし、SNSを駆使した発信法などカリスマ的な立場になって大活躍しています。実際にお会いしましたが、とてもチャーミングで笑顔が弾ける女性でした。日本のママや女性に貢献しようと海外進出しています。

声とことばの力で、夢は叶うんだということを一人一人の実体験が物語っています。今まで不可能だと思っていたことが、声でつながることによって一気に加速し、応援される現象が起きているのです。クラブハウスは夢を叶える場だと信じています。人の善意は大きなうねりとなって、奇跡を起こします。

その奇跡はひとりではなかなか起こせない。だから、お互いを尊重しあって、応援する気持ちが大切です。みんなが笑って、幸せに暮らす世の中がいいなと心から願っています。だれかが弱音を吐いたら、「大丈夫だよ」とやさしく声をかけるつながりが、心を強くします。そして、知恵を出し合い、解決策を話しあって、真剣にその人がいい方向に進むように、祈りながら声をかけます。

クラブハウスには、あたたかい声のつながりがあります。人生がつまらない、と思っている人がいたら、騙されたと思ってクラブハウスを一度試しに聴いてみてください。楽しい番組、テレビやラジオより、もっと距離感が近い、身近なメディアがすぐそばにあります。ボタンひとつで、あなたは声でつながります。

転機が成長のきっかけになる

人生には転機が訪れます。人は一生のうちで、山や谷を経験することで成長します。私にとっては、小学5年の担任だった内田新三先生との出会いが積極的になるきっかけになっただけでなく、アナウンサーを志す一歩になりました。それまで、「声が小さい」と言われていた引っ込み思案の私が、たまたま大きな声で返事をしただけで「お、いい声だね」と褒められ、私自身がいちばん驚きました。子どもの私に大きな衝撃を与え、転機になりました。

毎年、クラスが入れ替わる制度について、賛否両論あるかと思いますが、私は新しい先生や友だちに出会い、環境をガラリと変えられる絶好の機会だと捉えています。勉強ができる子は勉強ができると認識されて、運動嫌いな子は運動が苦手だと認識され、大人や子どものなかでも優劣がつけられますが、年度の始まりにはそれが一新されるのはいいなと思います。まっさらな気持ちで人を見て、判断し、付き合うことができるから、自分の世界も広がっていきますよね。

これは、児童や生徒、学生に限られたことではなく、大人になってからも言えます。同じ組織で、ずっと、同じメンバーと一緒にいると、自分のイメージが固定されていき、枠を外すことができなくなってしまいます。だから、配置転換や部署替え、転勤などは、いい転機になると信じて、自分に新しい風を吹かせてみればいいのではないでしょうか。

地方から都会に出ておしゃれに目覚めて、急にかっこよくなったり、かわいくなる人があなたの周りにもいませんでしたか。メガネをコンタクトに変え、髪型を整え、おしゃれな服を着て、別人になった友人が思い当たりませんか。環境を変えることで、人はいつからでもまったく別人に「デビュー」できます。たった今、新しいコミュニティーに入るだけでも、自分の殻を破る転機になります。

「クラブハウス」も新しい扉です。ふわふわと、軽やかな気分で、新しい扉を開きましょう。社会的な変化や他からの変化や刺激がない場合、自らの行動によって「転機はつくられる」と知って欲しいのです。

ここで私がいう「変化」はもちろん、いい変化。好転への一歩。成長への一歩です。自分の人生を今よりさらに豊かにするように、イメージを膨らませ、準備していきます。なんだか人生がつまらないなと感じている時にこそ、重い腰をあげて動き出すタイミングかもしれませんよ。

環境変化や他者からもたらされた変化をきっかけに、自分の転機ととらえて、それを上手に活かせば、成長に結びつきます。実はそうした外部からの変化を受け入れ、活かすも活かさないのも、自分自身で決めています。えいやっと波に乗る勇気をもって行動してくださいね。

コラム

✦大丈夫！　あなたは運がいい！

北原照久さんはクラブハウスで「朝んぽ」という、散歩をしながら気軽におしゃべりしようという朝のルームにときどき現れては、みんなのリクエストにこたえて
「ついてる、ついてる、ついてる・・・」

と一息で30回言って、

「はい、これでみんな、(運が)ついてる。バッチリだよ」

と、開運のお墨付きをもらい、みんな本当に嬉しそうです。


私は、本当についているなと思うことが多くて、普段生活している時はもちろんですが、何かピンチに陥った時に、その運の強さを強く実感します。たとえば困った時に信じられないタイミングで救世主が現れて、あっという間に問題解決するのです。

数年前、新幹線で起きた事件車両に乗るはずだったのに、大切なクライアントから急ぎの連絡が来て、たまたま乗らなかったことがありました。あとで、その車両で事件があったことを知って胸を撫で下ろしました。また、学費を支払おうと銀行から150万を下ろした際、その大金を入れたビジネスカバンを電車の上の棚に乗せたまま下車してしまいました。降りてすぐに気付いて、慌てたものの、終点で駅員さんが見つけて無事に戻ってきました。

「信じるものは救われる」と言いますが、本当に「運がいい」と信じていると、運のいいことが起きて、「私は運がいいんです」と言い続けていると周囲の人にも運の良さが認知されて、有り難がられます。ほとんどの場合、天気に恵まれます。晴れてほしいなと思う時に晴れる確率が高く、イベントはうまくいくという経験をしています。

でも、実は願いどおり快晴になったとして、晴れて当然だと思っていれば、感謝の気持ちは生まれません。私は運がいい、晴れて有難い、と思うから、より一層、お天道さまに感謝し、運を受け取ることができるのではないかと思っています。だから、自分はついてる、運がいいと思って、感謝していると、どんどん引き寄せられるように、運がよくなっていく気がします。

なお、この本は「声でつながる」がキーワードなので、特別に音声版もご用意する予定です。二十数年、アナウンス業務を続けてきたことが、今こうして生かされるのも不思議な気がしています。はじめましての方もいらっしゃると思いますが、ぜひ、私の声を聞いて、身近に感じていただき、気に入っていただけるとうれしいです。

そして、この本を読み終えた時、あなたが声でつながるコミュニケーションに興味を持ったら、クラブハウスでお待ちしています。平日は毎晩、夜10時30分からクラブハウスで「開運☆北原照久のTeru's Bar」を開いて、テーマトークをリスナーの皆さんとともに繰り広げています。そして、時にはこの本を手に取ってくださったあなたとの交流の部屋「伝わる話し方CLUB」を開きます。すべて無料です。そして、よかったら直接、私に本の感想やご意見を聞かせてくださいね。

この本が、あなたにとって「開運の参考書」となれば幸いです。特別なだれかではなく、どこにでもいる、だれかの開運人生を知ってもらうことで、あなたが幸せになりますように。

第5章

クラブハウスには「声の力」がある

好きなことに出会う場所

クラブハウスは、自分の好きを見つける場所でもあります。仕事一筋で生きてきて、趣味がない、という人もいるかもしれません。でも、クラブハウスにはさまざまな人が参加していて、著名な人もいれば、老若男女だれもが自由に集う場です。歌を歌う人、本を読んで聞かせる人、自分の思いを話す人、対談する人、いろいろな人がいます。

話を聞くだけでも面白いのですが、きっと聞いているうちに、ああ、そういえば、昔は釣りが好きだったなーとか、走ることが好きだったと思い出すものです。思い出したら、行動に移してみると、人生に変化が訪れます。

たとえば、ああ、私は音読が好きだった、と気付いて、今まで人前で読んだ経験のない人が音読に目覚めて、その声や読み方を披露し、人を癒やすようになった人がいます。京都在住でグレイヘアがおしゃれな、プラチナ世代の日浦弘子《ひうらひろこ》さんです。みんなには「ひうらねえさん」と呼ばれて、親しまれています。

クラブハウスでは「京都小粋な小料理屋」というルームを開いて、楽しいトークや歌でもてなします。人生の奥行きを感じさせる深みのある低音ボイスになんとも言えない味があり、聞いていると心に沁みてくるのです。

クラブハウスにはプロのアナウンサーも多数いますが、ひうらねえさんは、そんなアナウンサーに質問したり、直接指導を仰いだりしながら、練習を重ねて、朗読の初舞台にも立ちました。「心臓が飛び出すかと思ったくらい緊張したー」と笑いながら話していましたが、「好きこそ物の上手なれ」ということばがぴったりな、ひうらねえさんです。

こんなふうに、好きなことを見つけて、実際に挑戦してみて、どんどん人生が豊かになっていく人を見てきました。それはライスワークではなくライフワーク。収入を得るための仕事ではなく、心を充実させるための趣味として、どんどん大きく羽ばたかせているのです。ひうらねえさんの音読は、時々「テルズバー」でも聞くことができますが、午前0時ごろから「朗読喫茶コトノハ」という部屋を時々開いて、朗読やひとりがたりを提供してくれています。おやすみ前の朗読部屋、ゆったりと聴きながら寝落ちできたら至福ですよね。

ひとりで映画館に足を運ぶ

映画は好きですか。人生を豊かにする方法として、映画は視覚的にも聴覚的にも満たされる、最高のエンターテイメントです。たった2時間で時空を越えられます。もちろん、本や音楽も感性を高めるものですね。

私は10代のころから映画を観るのが大好きで、映画館に友人と行って映画を観るだけでは飽き足らず、20代になると、自宅でも1日1本映画を観るのが習慣でした。ホラー以外ならなんでも、アクション、冒険、ＳＦ、ミステリー、ラブロマンス、とにかくジャンルを問わずなんでも見ていました。

レンタルショップで借りた映画を見ることもあれば、テレビで放送される映画を録り溜めておいて、時間のある時に観るのです。だから、映画によって恋を学び、友情を学び、人生を学び、冒険やスリルを擬似体験してきたとも言えます。

うれしいことに、クラブハウスのなかにも映画好きの人たちがたくさんいます。映画は共通の趣味として盛り上がるので、最新作から古い名作までよく話題になりますが、「テルズバー」では毎日、徳島県在住で、『人はなぜ生きづらさを選んでしまうのか』の著者、の川井淳《じゅん》さんが映画を観て、どんな作品だったか話してくれています。

北原照久さんから「今日オススメの映画」という具合に提案されて、その映画を観て翌日に報告するというスタイルです。もうそのやり取りは700回以上も継続していて、じゅんさんは海外旅行に出かけている間も映画報告を時差なんてお構いなしで続けてくれました。楽しみにしている人も多いので、頭が下がります。

好きな映画を見たり、おいしい紅茶を飲んだり、自分の気持ちに従って、自分が喜ぶ生き方をしていると、ただ息をして、ただ何もしないで、そこにいることさえ幸せに思えてきます。好きなことを選び、自分を大切にしていると、それだけで満たされてきます。

クラブハウスは、とっておきの「ひとり時間」

私は以前、ひとり映画の良さを体験したことで、だれかと一緒も楽しいけれど、ひとりも楽しいと気づきました。その選択の自由を手に入れて、大人になった気がしました。集団行動が好きで「ひとりではご飯を食べられない」とか「ひとりでは旅行できない」と思っている人がいます。あなたはいかがですか。もし、ひとりは苦手だという人がいたら、ぜひ、低いハードルで試してみることをおすすめします。

たとえば、カウンターのあるカフェで一杯のコーヒーを飲む。カウンターなら、ひとり客ばかりなので、ひとりでコーヒーを楽しむのが自然です。空き時間に、本好きの私はよく本屋さんを見つけて入りますが、時にはカフェに入ってお茶をしてみることも、自分を大切にする行為につながりますよ。

あえて30分だけ時間を決めて、ひとりでカフェに入ってみると、ぜいたくな気持ちになります。紅茶やコーヒーを飲みながら、本を読んだり、手帳で日程確認したりします。その時、携帯電話を遠ざけるのがポイントです。カフェで自分をもてなす特別な時間なのだから、携帯電話はバッグに入れたまま、30分だけは自分を深める時間にしようと決めるのです。

ひとりカフェに慣れてくると、最初は気になっていた周囲の会話や視線も気にならなくなってきます。カフェで、ひとりでも集中して楽しめるようになると、思いがけないアイディアがわいたり、今度行ってみたい旅行の計画を立ててみようという気持ちになったり、わくわくする時間が過ごせます。家でひとりの時より、特別な感じがします。

ひとりカフェの延長で、私は出張やひとり旅を始めましたが、ひとり旅はなかなかハードルが高かったのを覚えています。というのも、短くても1日か2日は完全に知っている人から切り離されてしまうからです。行動して就寝まで、ひとり。大丈夫かな、となかなか踏み切れずにいました。

そんな時、女性誌で、ある女優さんが「ひとり旅が好き」と話していました。ひとつの映画やドラマが終わると、ふらっと飛行機のチケットを取って、ホテルなども決めずに海外に行く。自分のことをだれも知らないところで、伸び伸びと深呼吸して、自分を取り戻す。それがいちばんのリフレッシュで、それまで取り組んだ作品の役柄から自分に戻るためのリセット法だと話していました。

なんだか、とても説得力がありました。私たち一般人は俳優ではないので、まったくの別人格を演じて、その役のまま長い時間を過ごすことはありません。俳優の皆さんはかなりの集中力で自分まるごとその役にのめり込んでいきます。だからこそ、観ている私たちを惹きつけるのですが、それほどの役作りをしたあとは、しっかり役から降りて、充電することが必要なのだと理解できます。

俳優業でなくとも、少なからず、私たちにも演じているものはありますよね。職場での立場、家庭での立場、友人間での立場、色々な役割があると思います。そんな役割から開放されて、全くひとりになれるのは気分爽快です。思考回路が巡り、体まで羽が生えたように軽くなります。新しいアイディアさえ湧いてきます。ひとりになって、気の向くまま過ごしてみるのは最高のリフレッシュ法です。

その手段の一つとして、クラブハウスがあります。ひとりで好きな配信を見つけて聞いてみると、新しい世界が広がっていきます。気の合う人に出会うことができます。「こんなに気の合う人に会えるなんて思わなかった」と、クラブハウスでの出会いによくあります。

朝活で、仕事の前にエンジン全開

ビジネスパーソンは朝時間の使い方が命だと言われます。早起きをして、朝のうちに新聞や本を読んで情報を収集したり、ヨガをして心身を整えたり、マラソンやウォーキングをして体を鍛えたり、仕事の段取りを考えたり、アイディア出しや執筆をしたり、人によって使い方はさまざまだと思います。そんな貴重な朝の時間に、学びを深めてもらおうと、一流のビジネスパーソンをゲストに招いて話を聞くビジネスチャンネルがクラブハウスにいくつかあります。

たとえば、『あさ5時起きで成功を掴もう！』は早朝4時50分に開場し、5時からテーマに沿ってクロストークが始まります。主催はクラブハウス累計集客数ナンバーワンを掲げる、「朝5時の定番」のオーナー、小塚祥吾《こつかしょうご》さんです。小塚さんはレギュラス株式会社代表取締役で、一般社団法人ベンチャーCFO実務協議会代表理事です。得意分野は経営全般、ファイナンス、事業再生です。クラブハウスにはサポートスタッフも常時4、5人いて、無駄がありません。

ビジネス全般、各分野でトップクラスの人を招いて対談形式で歯切れよく話を進めていくので、毎回メモを取りながら聞いていました。常時400人から500人が集まる伝説の部屋をつくった先駆者です。私もゲストに呼んでいただきました。

つづいて、『グローバル共和国－共同体が世界を変える－』が朝活を盛り上げています。6時から始まり、6時30分から7時30分の間に素晴らしいゲストの話を聞き、学びが得られる1時間半の番組です。番組表をつくり、みんなでつながろうというキーワードで、リスナーさんのために、それぞれの番組紹介コーナーも設けています。自分の番組を紹介したいという気持ちを汲んで、手厚い対応をしています。クラブ会員数が1万5800人と日本一を誇り、NHKあさイチにも出演しました。

「グローバル共和国」の創立者はロサンゼルス在住で、ロサンゼルスやラスベガスなどで3つの会社を経営している、皆見友紀子《みなみゆきこ》さん。敏腕ビジネスパーソンです。海外暮らしが長いので広い視野で話し、おおらかです。朝活を引っ張る女神、と勝手に捉えています。朝の時間は忙しく、なかなかオンタイムで参加できないため、興味のある話をアーカイブで聞くことが多いですが、勉強になっています。

また、7時台からスタートするビジネスチャンネルは、『経営730』。創設者はアステリア株式会社、代表取締役社長の平野洋一郎《ひらのよういちろう》さんです。自らモデレーターを務めて、各界からゲストを招いてクロストークをしていきます。

平野さん自身が2007年にはマザーズ上場、2018年には東証1部上場、国内4拠点・海外4カ国に事業を展開している、敏腕ビジネスパーソンです。独自の視点を生かしながら、短い時間でぶっつけ本番で、ゲストの話を引き出していきます。一般のビジネスパーソンからすれば、思いがけない話が聴けるので、とても人気があります。私自身も話し方のプロのひとりとして、「経営×好感度アップ」「経営×開運人生」「経営×アンバサダー」という3つのテーマでお話をさせてもらいました。

そして、朝8時のビジネスチャンネルは、『朝カツ大盛り！』です。「お金に困らない人が学んでいること」著者で講演家の岡崎かつひろさんが創設し、サポートメンバー数人で運営しています。ビジネス書作家など著名人が集まって、ゲストを迎えて、朝からわいわい、ポジティブな話が飛び交います。前述した3つのチャンネルに比べて、敷居の低いバラエティーに飛んだ内容です。

ビジネスチャンネル以外にも、朝時間はクラブハウスがいちばん充実しています。朝、仕事の前に気持ちが明るくなるようなルームや、仲間どうしであいさつを交わすことを目的に開いているルーム、タレントで俳優の山田雅人さんがラジオさながらの面白い話が聞けるルームなど毎日たくさんあります。各ルームのモデレーターの声を聞くだけで楽しい気分になります。きっと、気に入ったチャンネルを見つけることができると思いますよ。

クラブハウスは最高のおもちゃ

海外ではコロナ禍3年目を迎えて、すでに日常を取り戻しています。マスクをしている人はほぼ見かけなくなりました。イギリスやハワイに行った友人の話では、ワクチン接種の有無やマスク着用など無関係になったとのことでした。日本のマスク規制に対しても異様なものを感じているという報道がありました。海外から帰国した友人も、比較にならないほど厳しい日本のマスク神話に改めて驚いたと話していました。

それほど、まだ開放的なコミュニケーションが許されてはいない日本で、交流手段は色々ありますが、ひとりでも楽しめるかどうかは重要なポイントになってくるのではないでしょうか。そして、家やオフィスにいながら人とつながるオンライン・コミュニケーションがグッと身近になっています。SNSを上手に扱えるかどうか、SNSの特質を生かしたコミュニケーションができるかどうかが注目されています。

ひとり時間を楽しみ、ＳＮＳでだれかとつながる。コミュニケーションのあり方は少しずつ様変わりしています。中でも音声配信メディアのクラブハウスは、相手との距離をグッと縮めます。ＳＮＳ上で朝早くから夜遅くまで、友人や知人にとどまらず、見知らぬ人とも話す。一見、不思議な関係性ですが、昔の深夜ラジオの感覚に似ていますよね。

クラブハウスでも、メインで番組を仕切るモデレーターに名前を呼ばれたらうれしい、とか、直接会話できるから身近な存在に感じられて楽しいとか、よく聞くラジオでお便りが読まれるような、わくわく感にも似ているのではと思っています。楽しみ方はさまざまですが、クラブハウスを生活に取り入れることで、毎日が充実して、生活にハリが生まれた人をたくさん見てきました。

彼ら彼女たちは、緊張していた数ヶ月を経て、とても自然に打ち解けあいました。お互いの夢や目標を語り合って、積極的な交流を続けています。時にはだれかの夢を全力で応援し、その夢を叶えるサポートをしたり、涙ながらに辛い過去を語って周囲から励ましを受けたり、しています。クラブハウスでの関係性は不思議なもので、見えない相手であっても、毎日声を聞いてつながっているだけで、信じられる存在に変わっていきます。

クラブハウスは最初、機密保持のルールがあり、かなり厳粛な雰囲気でしたが、録音機能がつき、アーカイブが残せるようになると、一気にその機密性が緩和されました。今、ここだけの内緒話、というものが事実上なくなりました。話したことは、その時、その場にいない人でも聞くことができる。何度でも聞けて、紹介することも可能になりました。

当初あった、その機密性に魅力を感じていた人は一気に冷めて、離れていきました。それでもなお、クラブハウスに魅力を感じて残った人たちは、今も毎日のようにクラブハウスで自分の夢や仕事、経験などについて話しています。そして、このクラブハウスのつながりを発展させて、実際の関係性にまで広げています。

数々のセミナーや講演、イベントなどがクラブハウスで立ち上がり、広がって、出版した人も多数います。コロナ禍でのセミナー受講者やイベント参加者は気づけば、ほぼ、クラブハウスで知り合った人たちでした。実際に会ってみたいと会いにきてくださり、声だけのつながりからリアルに出会えた時、その関係性はしっかりと強く結びついたのを感じました。

出会う前から、相手を知って、好きになることは、本当に大きい。仕事に限らず、クラブハウスで出会い、または再会して、結婚したり、復縁したりした人もいます。クラブハウスがなければ、出会わなかったような人とつながってるのも、このSNSの醍醐味です。思い切って声を出して、会話して、率直にコミュニケーションして、世界は思いもかけない方向に向かっていきました。

それぞれが、自由に好きなチャンネルに入って、聞くだけ専門の人、自分もスピーカーになって話に加わっていく人、自分でチャンネルを立ち上げて発信する人、などに分かれています。また、その時によって、私のように、自分のチャンネルだけでは積極的に話をしますが、他のチャンネルでは呼ばれた時以外、ほとんど声を出さない人もいます。

私の場合は、話すのも好きですが、人の話を聴く方が実は好きなので、じっと人の話に耳を傾けるのも楽しいのです。だから、自分で開いている「開運☆北原照久のTeru's Bar」以外はほとんど聞く専門です。そんなふうにクラブハウスの参加のスタイルは十人十色。決まりは全くないので、自由に参加できるのも気に入っています。

北原照久さんは妻の旬子《じゅんこ》さんに

「いつも楽しそう。とっておきの新しいおもちゃを手に入れたわね」

と言われたそうですが、まさにその通りだと思います。このクラブハウスの魅力にハマった人たちにとって、クラブハウスは「とっておきの新しい世界への扉」そのもので、それは飽きのこない、宝物と言えそうです。

最近のビジネス交流会では、クラブハウスのことが話題になっています。はじめて会った人とも、クラブハウスでつながっていたことでご縁がグッと深まる気がしています。どんなふうに始めていったのか、どんな人が参加し、どんな会話をしているのか、ご紹介した人をぜひ参考にして、自分の世界を広げていただければうれしいです。

コラム

○声でつながる際の心得を簡単にお伝えします

・話し上手より聞き上手
・知的好奇心を持って聞く
・肯定ファーストで聞く
・驚きと共感を素直に表現する
・笑声で話す
・相手を好きになる
・ことばの先を想像する
・自己紹介は準備しておく

○クラブハウスはこんなふうに始められます

・Clubhouseのアプリをダウンロードする
・名前や電話番号など自分の情報を登録する
・著名人や友人の名前を検索し、気になる人をフォローする
・フォローしている人のルームに入ってリスナーになる
・話したくなったら手を挙げて、スピーカーに加わる
・慣れてきたら、テーマを決めて自分でルームをつくる
・ルームを開く時はだれかにあらかじめ声をかけておく
・TwitterやFacebookなどでルーム開催の告知する

終章 開運コミュニケーション

ここまで、私がクラブハウスで出会って、心を通わせて話した人たちを紹介してきました。みんな大好きな人ばかりです。そのだれもがお会いするたびに口にするのが、「クラブハウスがあって良かった。出会えて良かった」ということばです。私だけに向けられたものではありません。そこにいる、ひとりひとりに対しての敬意と愛着だと思っています。声だけでつながり、まだ会っていない人もいますが、そんなことは関係なく、心が通うコミュニケーションは存在します。

ちょうど、2022年11月30日。あすから12月というタイミングで、シンガーソングライターの中村あゆみさんがふらりとテルズバーにやってきて、今年最後のライブの話を聞かせてくれました。

「お久しぶりです。いやー、いつ来ても、あたたかい雰囲気でいいですね。テルズバーは心が落ち着く場所。まるで、本当に一軒のお店があって、そこに灯りがついていて、あ、今日もいつも通りやってる、と安心して人が集まってくる。そんな感じ。たまに行っても、あたたかい。実在するバーと同じで、自由に話せる、本当に素敵なところですよねー」

と詩的にたとえました。なんだか感動しました。

毎日参加して、その日にあったことを話してくれる人の存在はとても貴重で有難いものです。でも、時折ふと思い出して、久しぶりにやってくる人も大切な存在です。それは普段の人間関係と似ていますよね。ずっと一緒の友だちや同僚も、遠く離れてなかなか会えない旧知の友人もいますよね。どちらも大切なんです。会う頻度は心の深さとは無関係です。テルズバーは、いろんなテーマで話していくので、参加される人の背景や思いが浮き彫りになります。よし、その人を深く知ろうという気持ちではなく、相手が話したいことを話してもらえればそれでいい。そして、それを聞いて、相手のことが少しずつ分かっていけばいい、という感じです。

北原さん、岩田さん、私の３人が目指したのは、人と人がつながる、楽しくて癒しになる空間です。１日の疲れをとって、眠りにつく前のホッとできる場所。だから、学びを深める、というより、気楽に気前よく、笑って楽しく過ごせる場なのです。何をするにも自分の気持ちを偽らずに大切にすること。気持ちを楽に、人を楽しませるにはまず自分が楽しむこと、それが「気楽」につながります。そして、気持ちをとにかく前に向けて、後ろは振り向かないで、「気前」よく生きること、です。

900回以上継続してきて、毎日1時間30分で10人から15人くらいの人の話を聞きます。新型コロナウイルスに感染した人、大切な人を病気で亡くした人、仕事を失い路頭に迷った人、諸事情で引っ越した人、子どもやご自身が成人式を迎えた人、大学を卒業した人、入学した人、結婚した人、離婚した人、会社を辞めて起業した人、出版した人、コンテストに出場した人…いろんな人を見てきました。入れ替わり立ち替わり、多くの人がテルズバーを訪れ、惜しげなく自分の話をしてくれました。

アナウンサーは事実に基づき話し、論理的であるべき、感情的になってはいけないと言われますが、テルズバーでは思わず涙ぐんで声を失ってしまったり、おかしすぎて笑いが止まらなくなったり、ひどい話を聞いてその人以上に憤ったり、喜怒哀楽をともにしてきました。一つ一つの話の詳細は、あすになれば、記憶の淵からどんどんこぼれ落ちていきます。ですが、その人たちと過ごした時間や、その人にとって大切な話を聞かせてくれたことは今も心に残っています。

自分の誕生日には、母親に感謝を伝え花束を贈る

なかでも、感動した話は忘れられません。家族の絆を大切にすれば、他の人間関係もよくなっていく。それが自分の土台になっているからです。北原照久さんの教えの一つ。「自分の誕生日には、母親に感謝を伝え、花束を贈る。そうすれば、自分の祖先がなんていい子なんだと喜んで、応援してくれて、どんどん開運していくよ」とこれまで何度も、何十回もテルズバーで親孝行の大切さと思うだけでなく実践することを話し続けています。

「母が命がけで産んでくれた日、実家の近くから新鮮な花を届けられて良かったです」と話してくれた人がいました。

何度聞いても、そんな親子のやりとりを想像して、もらい泣きします。多くの人が、祝ってもらう立場の自分の誕生日に、親に感謝し親孝行を実践するからです。おそらく、はじめて実行する人がほとんどでした。

「照れくさいけど、頑張って伝えました」

「親にはそもそも感謝の言葉を伝えたことはありませんでした。誕生日に決心して、今回はじめて電話で『産んでくれてありがとう』と伝えましたが、母が泣くので、私も自然と涙が出てきました」

「伝えて良かったです。感謝していましたが、ことばにしたことで感激して泣いて喜んでくれました」

みんな自分の誕生日を迎えるたびに、どんな風に親に感謝を伝えたか報告してくれました。そのあたたかい空気感といったら、まるで温泉にゆっくり浸かっているようでした。

病気の時こそ、明るく前向きに

ギランバレー症候群という原因不明の難病にかかり、毎日その経過報告をして、私たちに元気を届けてくれた人もいます。

べーやんという愛称で親しまれている、シニアモデルとして活躍中の斉藤竜二《さいとうりゅうじ》さんです。70歳を目前にした今も、筋骨隆々で元気はつらつな、べーやんさんですが、2021年夏、突然の病に、テルズバーの私たちは心配しました。べーやんさん自身の立ち直りは早く、私たちが元気をもらいました。生きていることに感謝し、リハビリをコツコツ続ける姿がまぶしく思えました。今ではすっかり回復して、テレビや雑誌で活躍中です。

突然、直腸がんになって入院、手術をした人もいます。ジャズ歌手のシヤノアさんです。品格があり、知的であたたかく、ジャズもボサノヴァもサンバも、なんでも歌いこなすシヤノアさんは、毎日のようにテルズバーを訪れて、歌を聞かせてくれていました。ある時から、ぱたっと来なくなり、どうしているかな、ライブの練習で忙しいのかなと気になっていました。来ない理由が病気だったとあとになって知り、後悔と反省をしました。すぐに連絡すれば良かったたと。病気のことを知って連絡すると、ゆっくり回復に向かっているとのことで、それからしばらくしてステージで元気な姿を見せてくれました。優雅に歌っている姿を見た時には思わず抱き合って、泣いてしまいました。

クラブハウスを通じて、各地に素敵な友だちができましたが、イギリス、ロンドン在住の「テルズバー特派員」がふたりいます。佐藤富太郎さんと、武蔵美穂さん。おふたりのイギリス情報や生活リポートは多彩で、優雅。時折、聞こえる環境音も、海外の生活ぶりを知る手がかりとなり、心を弾ませます。博物館や美術館、ライブの話、パブでの会話、音楽の話、とても奥行きがあり、心はイギリスに飛んでいく時間です。

そんなおふたりが「お寿司が食べたいです。おいしいラーメンが食べたいです」というのが、いかにも海外暮らしの日本人らしくて、微笑ましいのです。おふたりがそれぞれ帰国し、日本ではじめて会った時の感動は今も覚えています。

安心安全な場づくり

声でつながる、ということは、自分の思いを言語化する、ということです。自分のことを掘り下げて話したり、今日あった出来事を整理して伝えたり、言葉にすることで人は共感し合うことができます。共感できれば、相手の夢や目標を応援したくなるものです。そんなあたたかい場が、クラブハウスにはあります。
「テルズバー」は安心して話せる空気感を第一に心がけて、だれでもウェルカムな雰囲気づくりに努めています。

ふつうは、顔の見えない相手に本音を話すのは容易ではないかもしれません。でも、あなたの話を聞くよという、あたたかい空気感があり、心理的安全が確保されている状況であれば、思わずポロリと本音を話せます。思わず、というのがぴったりで、心に溜めていた思いをすーっと話したくなる場が必要です。「テルズバー」では老若男女だれであろうと、だれもが否定されることなく楽しめる場をいつも心がけています。

聞き手はニュートラル

私が毎晩配信しているルームが「開運☆北原照久のTeru's Bar」（以下「テルズバー」）です。配信は月曜のみ夜11時から、火曜から金曜は夜10時30分から深夜12時までの平日に毎日配信しています。通算900回を越えました。

その「テルズバー」を例にとって説明すると、北原照久さん、岩田一直さん、私は「モデレーター」です。3人がメインで進行していきます。そこに、タレントの山田雅人さんと、BGM担当のMam・iさんが加わります。「スピーカー」というのは事前に決まっていた話し手や、飛び入り参加で話したいという人です。そして、それを聴いているのが「リスナー」です。

話を聴く時には常に「自分がニュートラルな状態」でいられるように、時間に余裕を持って、深呼吸をしたり、事前準備を万全にしたりと、自分が不安にならないような体勢で臨みます。

限られた時間ではありますが、話し手が心地よく話すことがいちばんなので、「ああー、つい、話し過ぎました」と言われると、うれしいものです。時間を忘れてしまうくらい、夢中で話してくれたということがうれしいのです。聞き手の状態が、どちらかに偏らない、中立な状態であると、だれもが話しやすい雰囲気になります。右も、左も、ありだよね、という姿勢が活発な話につながっていきます。

開運コミュニケーション

そういえば、2020年に「風の時代」が来たと言われました。200年に1度の転換期で、物やお金、権力などが重要視された「土の時代」から、目に見えないもの、自由や平等が重んじられる「風の時代」になると言われました。そう言われてから4年、今は転換期だと言われますが、私はもう「風の時代」を特に意識することもなく、自然と流れに身を任せるような緩やかな生き方ができるようになっています。

「開運コミュニケーション」と大風呂敷を広げましたが、結局のところ、それは、肯定ファーストであり、思いやりであり、誠実に向き合うことです。特別なことではありません。例えば、不平、不満、愚痴や悪口を言わない、と決めたら、この先、言わないと決めることです。もし間違って言いそうになったら、ノートを1冊用意して、そこに思いの丈をぶつけてみてください。どんどん書けますよ。怒りや不満、悪口、なんでも書いていいノート。どんどん書いて、気持ちを全部吐き出したら、ビリビリ破いて、ゴミ箱に捨ててしまえばスッキリします。この方法を中学生のころからやっていました。口にすれば、自分の耳を汚してしまうので、声に出さずに気持ちを整理するだけで、ずいぶん楽になります。ひとりで自分に向き合うことで、心が鍛えられ、人の器が広がると感じています。

あとがき

最後まで本書をお読みいただき、本当にありがとうございました。

人生はいろいろ、みんな楽しそうだなと感じていただけたら幸いです。

私の大切な友人たちに出会ってくださったことと思います。

一歩踏み出す勇気さえあれば、人はいつからでも変わることができるとお分かりいただけたのではないでしょうか。


私はずっと、自分の本を出したいと思っていました。そして、その内容は話し方やコミュニケーションに特化した、問題解決の糸口になるようなビジネス書をと考えていました。

ところが、久しぶりにお会いしたアナウンサーの大先輩に、

「出版の話はどうなったの？　まだなんだ。じゃー、1冊目は話し方のノウハウ本というより、福満さんがコロナ禍でも毎日続けている声のメディア、クラブハウスについて書いてみたら？　それは他のだれでもなく、福満さんにしか書けないことなんじゃないかなー」

と言われ、その日のうちに企画書を書きあげ提出し、1週間もしないうちに出版が決まってしまったのです。まさに、導かれるようにという表現がぴったりでした。

コロナ禍で思いがけないテーマで本を出すことになり、私がいちばん驚いています。でもこういう時だからこそ、「人の生き方。幸せに生きるヒント。今、いちばん書きたいことを書こう」と決めました。コロナ禍が過ぎても、まだこの先も混沌としています。日本はマスク規制が緩やかになった今も、やはり人の目やウイルスが気になってマスクを手放せない人がいます。漠然とした不安や遠慮が根底にあります。

ですが、人生は一度きり。自分の人生は、自分の意思と行動で変わっていきます。明るく、前を向いて、人も自分も応援する生き方をしていれば、自然と道が開けていきます。

社会人になってから大学院に通いその時にお世話になった、ベストセラー『日本でいちばん大切にしたい会社』の著者、坂本光司先生は「若いころの苦労は買ってでもせよ。苦労した人ほど人の痛みが分かる。だから人生に無駄なことはないんだよ。人の優しさは涙の量に比例する。涙の数だけ、人生は強くなれる。私たちは世のため、人のために生きよう」と話してくださいました。坂本先生のこの言葉が私の生きる指針になっています。

とにかく世の中の人を幸せにしたい、読者の心が明るくなればいいなと思って書きました。「クラブハウスって面白そう」そう思ってもらい、それがクラブハウスに限らず何か始めるきっかけになればと考えています。

本書では、クラブハウスで開運した人たちの話が書かれていますが、紛れもなく私自身もそのひとりです。出会い、学び、引き寄せ、多くの経験を積んで、開運したと信じています。

さらに、毎日毎日、北原照久さんのことばに触れているうちに、たとえ不運に見舞われても、それはきっと意味がある、自分の成長の機会だと捉えるようになりました。人は、自分の心ひとつで好転していくことを実感しています。

そして思うのは、2020年3月に最初の緊急事態宣言が出され、それ以降も何度となく人と自由に会えない自粛期間が続いたからこそ、声でつながるクラブハウスに人は希望を見出したのかもしれません。憧れの存在のあの人も、メディアで活躍のあの人も、愛読書の作家も、このクラブハウスにいたのです。

そしてクラブハウスで、勇気を出せばすぐにその方たちと会話することができたのです。今も、著名な作家や各界で活躍している人たちとつながって、話を聞くことができます。

森信三さんの言葉、「人間は一生のうちに逢うべき人には必ず逢える。しかも、一瞬早すぎず、一瞬遅すぎない時に」を思い出します。最近は何度もそれを実感しています。クラブハウスでの皆さんとの出会いがそうです。クラブハウスに出会ったことで、毎日がとても心豊かになりました。

仕事でもプライベートでも、目の前の人や事柄を大切にし、一期一会を重んじてきました。裏千家でお茶を嗜んでいたことがその土台になっています。もう2度と会うことがないかもしれない、同じ時は2度とない、そう思うと、「今」が特別なものになります。

だれに対しても丁寧に、誠実に向き合うことができます。常に人とフラットに向き合い、相手がだれであっても変わらない、そんな生き方ができます。

声は正直です。体調不良も、不安も、弾む心も、やさしさも反映します。この世でたったひとつの自分の声で話すと、たとえ姿が見えなくても、どんなに遠く離れていても、思いが伝わります。

クラブハウス歴4年目を迎えましたが、1日の終わりに、声でつながって、言葉を交わすことで、悲観的だった人は楽観的に、消極的だった人は積極的にどんどん変わっていきました。それこそが声でつながる力かなと実感しています。

あなたの人生が今よりもっと輝いて、楽しい方向に向かうことを信じています。夢があればその夢に挑戦し、やりたいことがあれば思い切ってやってみる。人生はすべて、あなたの思い通りになります。ぜひ、自分だったら何をするか考えて行動してみてください。あなたの人生が豊かになるように、心から応援しています。

最後になりましたが、本書を出版するにあたって、多大なるご尽力いただいたごま書房新社の池田雅行社長をはじめ社員の皆さま、そしてご縁をつないでいただき、本書の完成まで辛抱強く見守ってくださったＮＨＫの大先輩である村上信夫さん、本当にありがとうございました。

また、この一冊の本が出来上がったのは、夢を語った時、「全力で応援するから最後まで諦めずがんばってね」と励まし続けてくださった北原照久さんのおかげであり、さらにクラブハウスで出会った、あたたかく個性あふれる皆さん、出版についてアドバイスをくださった諸先輩の皆さんのおかげです。また、北原さんとの対談を文字起こししてくれた長谷川晴子さん、講演や研修、講座、旅先で出会った皆さん、日々寄り添って対話してくれる友人や陽だまりのような家族に心から感謝しています。ありがとうございました。

そして、この本を読んでくれたあなたへ。

一寸先は光。「闇」ではなく「光」です。立ち止まらず歩いていけば真っ暗なトンネルのはるか先に小さな光が見えるように、私たちの人生にはどんな時でも光が差し込んできます。人はみな、幸せになるために生きています。今が苦しい状況でも、何か悩みを抱えていても、ふとしたきっかけで物事は動き出します。その時、思いきり大きな一歩が踏み出せるように、心を磨いておく、フットワーク軽く動けるようにしておく。そんなふうにふわふわと軽やかに生きていきましょう。

いつか、好きなことで輝くあなたに会える日を楽しみにしています。

素晴らしいご縁に感謝を込めて。

福満　景子

◆著者略歴

福満 景子（ふくみつ けいこ）

フリーアナウンサー。人財育成コンサルタント。

鹿児島県出身。3児の母。銀行員からNHKキャスターに転身し、ニュース番組や情報番組を担当。現在はラジオのパーソナリティーやCM、ナレーションを担当するほか全国で講演、研修、司会など多岐に渡る。企業や大学、学校で「信頼される話し方」や「好感度アップの話し方」を伝えている。平日の夜（月曜は23時～24時、火曜から金曜は22時30分～24時まで）は、音声SNSのclubhouseで「開運☆北原照久のTeru's Bar」のモデレーター（パーソナリティー）を務める。幼少期は引っ込み思案だったが音読が大好きで、小5の担任教師の一言でアナウンサーを志す。高3のとき肺結核を患い、第一志望だった国立大学を諦める。地元の短大に入り、新卒で銀行に就職。その後、「地元の良さを発信し、社会貢献したい」と一念発起、アナウンサーの夢を実現させる。40代で大学院に入り『日本でいちばん大切にしたい会社』の著者、坂本光司氏に師事。中小企業約300社を取材。利他の精神にあふれる経営者に影響を受け、教育や人財育成にも力を入れている。出雲観光大使。民生委員。好感度アップの専門家。Ameba公式ブロガー。日経 xwomanアンバサダー。
■著書『声でつながる開運人生』（ごま書房新社）

●福満景子の最新情報を配信中
https://lit.link/Fukuchan823
※詳しくはこちらから！ ➡

声でつながる開運人生

2023年1月9日　初版第1刷発行
2024年4月6日　　　第2刷発行

著　者　　福満 景子
発行者　　池田 雅行
発行所　　株式会社 ごま書房新社
〒167-0051
東京都杉並区荻窪4-32-3
AKオギクボビル201
TEL 03-6910-0481（代）
FAX 03-6910-0482
カバーデザイン　（株）オセロ 大谷 治之
DTP　海谷 千加子
印刷・製本　精文堂印刷株式会社

© Keiko Fukumitsu, 2023, Printed in Japan
ISBN978-4-341-08828-6 C0095

ごま書房新社のホームページ
https://gomashobo.com
※または、「ごま書房新社」で検索